婦幼天地
48

海藻精
神秘美容法

劉名揚／編著

大展出版社有限公司
DAH-JAAN PUBLISHING CO., LTD.

前言

每天想著如何使自己塗抹脂粉的肌膚比毫無保養的乳房皮膚更加光滑亮麗的人，到底有多少呢？

大部分的人都認為只要選擇適合自己肌膚的化粧品即可安心使用。但是，看了剛才的問題，不禁立刻偷瞄自己的乳房而後驚訝的表示：「咦，乳房的皮膚就像小孩子的皮膚般地細膩柔嫩，臉部肌膚卻長滿了雀斑和皺紋，膚色也愈來愈黑，究竟是怎麼回事？」於是興奮的認為：「使用昂貴的化粧品，絕對不會使肌膚老化。」

那是當然的，因為許多化粧品抑止了皮膚的自然再生能力。

所以，若是化粧品使用不當，不但不會變漂亮，反而大大地降低了皮膚的自然再生能力，產生雀斑及皺紋，皮膚變得粗糙、

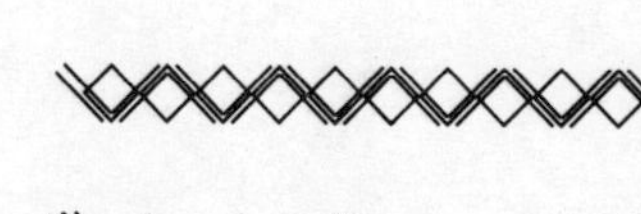

暗淡無光，也會發生熟齡肌膚衰退的不幸現象。

相反地，不用任何的保養品，使皮膚一直處於最佳的狀態之下，才是正確的。

現在您該明白：現代女性由於化粧造成皮膚的不健康，皮膚的自然再生能力也被破壞了。您或許會問：「那麼，應該如何恢復健康動人的肌膚？」

答案非常簡單，我現在就可以告訴您，只要相信皮膚擁有自然再生能力就行了。換句話說，就是從今天起不要再使用化粧品了。

「那怎麼行呢？即使從現在開始不用化粧品，肌膚也不會恢復原來的模樣。」您一定會這麼說吧！

因此，本書就要以簡單明瞭的方式來告訴您「如何恢復美麗動人的肌膚」。當您讀完本書之後，您的化粧方法一定會有所改變。

若是要以一句話來下結論：非得使用化粧品的人，請改用天然海藻精製成的化粧品。為什麼呢？因為天然海藻精具有增加皮膚再生能力的功能。

關於海藻精乃是經過三十年的實驗研究，而驚異的發現其對於皮膚有著神奇的療效。

總而言之，海藻精促進皮膚細胞的新陳代謝，增加全體細胞的水分，給予皮膚張力，補充皮脂膜等效果，可以克服季節的變化及年齡的障礙，常保肌膚年輕、健康、美麗。

要說年輕、美麗的肌膚是女性的憧憬、是女性永遠的財產，真是一點也不為過。

只要您相信皮膚有如此偉大的潛在能力，也願意接受本書的指導，就從明天起試著向恢復美麗肌膚挑戰如何？自然的美麗一定比任何上了粧的美女更能引人矚目。

還有，我們也不能忘記美麗肌膚是由皮膚裏層的健康體所製

造的。從兩方面著手改善膚質，一旦恢復了具有我們東方魅力的肌膚之後，您就可以盡情享受「美容即是化粧」的樂趣了。

目錄

第二章　了解皮膚正確構造

第三章　驚奇大發現！「海藻精」的秘密

第四章　「海藻精」使肌膚光滑有彈性

第五章　洗臉才是美麗肌膚的基本方法

第六章　首先從健康的身體來美麗肌膚

第一章　消逝的女性美麗肌膚

⑴女性的美麗肌膚在何處？

讓我們回溯到以前，鎖國政策解除邁向明治維新，歐美人陸續來到日本的時代，外國人總是稱讚日本女性的肌膚：「如手絹一樣地細緻美麗」、「似東洋的大理石」。

在一百多年前，拉夫卡迪歐・亨（小泉八雲）也曾說過：「日本最自豪的藝術作品既不是陶器、刀劍，也不是漆器或泥金畫，而是日本女性的美。」

明治時期的日本，當然沒有色彩鮮艷的化粧品。那個時候的化粧品是昂貴、類似紅花的胭脂、普通百姓無法得到的貴重物品。所以歐美人稱羨的日本女性的肌膚，便是不施脂粉的皮膚。

但是，現在還有什麼人稱讚日本女性的肌膚呢？

受到歐美人士讚嘆的明治女性的美麗肌膚，究竟到哪兒去了呢？

街道上每位年輕的小姐都是身穿名牌服飾，濃妝艷抹，就某方面而言是具有魅力也說不定，可是她們均是「化粧美人」。隱藏於化粧品底下的肌膚或許早已毫無生氣了吧！

「真的是這樣嗎？……」不能理解的人不妨花少許時間到車站去觀察通過剪票口的女性的肌膚。擁有美麗肌膚的女性，十人之中不到二人您一定感到非常驚訝吧！

那麼，為什麼會變成這樣呢？

我正在思考這個問題的時候，忽然想起了一位老婆婆。這位老婆婆今年八十七歲了，當我第一次見到她，著實為她那過於光滑的肌膚吃了一驚，只看她的皮膚來斷定她是六十幾歲的人，是一點也不奇怪的。

「您看起來好年輕哦，是不是有什麼祕訣？」

我好奇地問她，卻得到了意想不到的答案。

「其實，我自己也不清楚，我很喜歡吃中國菜，這些年來，我每天都有一餐會吃用沙拉油炒的青菜，嗯，大概就是這樣吧！」

那位老婆婆十八歲結婚就前往台灣，直到第二次世界大戰以後才返回日本，她還是維持在台灣的生活習慣，食用大量的油炒的青菜。

我們一般人總是認為：上了年紀就會偏好清淡的食物，這位老婆婆的腸胃一定保養得很好。據老婆婆的家說，她對食物並沒有特別的喜好與厭惡，肝臟、燉煮食物、或是油炸的小蝦米她都愛吃。

所謂「醫食同源」、「食物是最好的的藥物」，這位老婆婆能夠維持健康的身體，年輕的肌膚就是因為飲食均衡吧！當我把話題轉為化粧的時候，老婆婆回答：

「我在我孫女的那個年紀，只有在盂蘭盆會和新年的時候才化粧，現在的女孩子每天都在過年似的。其實並不需要塗那麼多的化粧品。」

即將八十八歲的老婆婆對於濃妝艷抹的年輕女孩表示了一點反對的意見。

的確，比起老婆婆年輕的時候，現代年輕女性的化粧可說是相當艷麗的了。

但是，由化粧品引起的斑疹及化粧品公害等悲劇實在不少，現在真是我們該反省的時候了。

⑵美麗的肌膚可以改變人生

由於皮膚覆蓋於身體表面，所以皮膚的彈性與光澤就成為衡量皮膚健康的標準了。就美容而言也是這樣的，肌膚常保柔嫩的話，亦是達到了美容的目的。

SUPPIN WA BEPPIN
JE T'AIME

從前有句話說：「素肌是少女的生命。」現在仍是不變的。所謂素肌即是如同字面解釋：不施脂粉的肌膚，與化粧品的好壞一點關係也沒有。

我認識的一位三十五歲職業婦女大膽表示：

「濃妝艷抹本是無妨，倘若對方是一位不想再見面的男士也沒關係。反之，想要給予心儀的男士留下良好的印象，最好還是淡妝前往。」

例如：化粧美人和素肌美人並肩走在一塊兒，男士的目光多半集中於化粧美人。但是仔細一看，化粧美人臉上的妝正漸漸剝落。

總而言之，「女性的美取決於化粧技巧的好壞，素著一張臉很讓人受不了。」似乎是大多數男性的想法。

想不到男性對女性的審美觀竟是如此。當一對男女擦肩而過時，「咦，滿不錯的。」男士一定會回頭多看幾眼，也會開始對女性品頭論足。

所謂評定並不是靠感覺來決定，評定的第一要素是「肌膚是否美麗？」有許多男士是憑著肌膚的好壞來判斷女性的為人及生活習慣。譬如：皮膚非常粗糙的女性，她的生活必定是毫無規律的；濃妝艷抹的女性便是那種想引人矚目，以自我為中心的。

雖然彼此不認識，男性仍然在心中偷偷地品評女性。所以千萬不能忘記，男性的目光隨時隨地在注意您。

相反地，擁有美麗肌膚的女性卻受到相當好的評價。

素肌美人給予人們年輕健康的形象是無庸置疑的。如：「她一定是溫柔而純真的」、「她一定出身於家教良好的家庭」、「她一定過著規律的生活」等等，多為好的評語。

實際的人生遠比我們想像的還要複雜多了，只憑一面之緣即下判斷的確是很困難的。但是，皮膚粗糙的女性總是給人不好的印象，肌膚美麗的女性反而倍受讚譽卻是不可否認的事。

「皮膚粗糙不利於人生」，這句話並不是誇大其詞，而且對於未婚女性來說，美麗的肌膚更是切身的問題。

不過，還是不要存有「肌膚和人生的幸福無關」的想法。

(3)快訂定恢復美麗肌膚的方法吧！

若是提到「褒、貶」的問題，的確，美麗的肌膚是大受稱讚，皮膚粗糙的女性卻蒙受意想不到的指責。

為了不受批評，訂定明確目標使美麗肌膚重現是必要的。

老實說，凡是想要使自己更加美麗的女性都會化粧，其目的何在？

想變得更漂亮不應該只是擺在心裡的願望，什麼時候結束？該怎麽做？以什麼方式進行才好？倘若沒有具體的計劃就不能夠算是有目標。如同我們說：「好想去海外旅行哦！」可是空有希望卻不決定目的地和出發日期，也不訂機位，計劃是不會實現的。

最近，因為覺得自己太胖而想減肥的人很多，但是真正能瘦下來的人都有訂定目標。比方說：一週瘦多少公斤、一個月瘦多少公斤、要攝取多少卡路里、該運動多少小時等等，按部就班來進行。

只是想著：「該減肥了」，每天還是吃含高卡路里的蛋糕是不可能變瘦的。

我要向
葛蕾奧潘朵拉看齊！

要恢復美麗肌膚也是如此。

想要擁有美麗的肌膚就必須訂定具體的計劃。

著名的絕世美人葛蕾奧潘朵拉據說每天朝、午、晚一日三回浸泡於加入蜂蜜的浴池，這就是葛蕾奧潘朵拉的美肌方法吧！

您也可以試著擬定目標使自己更美。

「我一定要變漂亮！」有如此強烈的決心就會變得更美麗。

化粧的時候不要只是習慣性的面對鏡子塗抹化粧品，仔細觀察自己映在鏡中的臉：「今天的肌膚很有生氣」、「今天氣色不錯，可是有黑眼圈」。如此一來，好的、壞的部分都能夠發現。您可以試試看。

某位素肌美人表示：「每次照鏡子或是化粧的時候我都會對自己說：『很美吧！』、『很漂亮吧！』，這也是一種神奇的化粧方法。」

這真的是事實，您如果覺得不可思議，不妨試試看。

皮膚的狀態是隨著季節變化、健康情況的改變而每日不同。

「只要我化粧一定會變得更美！」再加上「美麗！漂亮！」等精神口號，也可以達到保養肌膚的效果。

⑷您患了化粧品依賴症

化粧品賣場似乎占據了每一家百貨公司的一樓門面。因此，我們常常可以看到佩戴應景的裝飾品、化粧得體的女模特兒或美容指導員熱心推銷化粧品的樣子。

另一方面，電視和女性雜誌上的化粧品廣告多得如洪水氾濫一般，廣告代理商也為了競爭而大肆宣傳。

於是，我們的眼睛和耳朵必須不停地和化粧品廣告作戰，這對女性而言是非常不幸的事。

譬如專櫃小姐會告訴你：「請擦這種化粧品，它會使你的皮膚變漂亮。」「你的化粧方式錯誤，我們的化粧品比較適合你。」經由她們的遊說，自己漸漸也會有這種感覺。

讓我們以速食拉麵為例，新產品發售的時候，十五秒的電視廣告播放一千回或是一萬回，其銷售量就不止一百倍。

總而言之，看到聽到的次數愈多，消費者就會喪失判斷力、進而認同新產品。

這種現象在心理學上稱之為「意識操作」，無論是化粧品的廣告或者是速食拉麵的廣告都可以達到宣傳的效果。就好像我們常說的：「謊言百回也會成真。」

「想使自己更美就必須化粧」是化粧品業者的一貫說詞，可怕的是：受了業者的遊說會使我們失去判斷的能力。這樣或許還好，可是大多數的女性看了宣傳廣告就會不自覺的認為：「只要使用多種化粧品就會變得更漂亮。」

這種心態就叫做「化粧品依賴症」。

開「依賴症」先例的是酒精依賴症（酒精中毒）。酒精中毒的人因為精神不安定，必須常以酒精來麻醉自己。化粧品依賴症的患者也是一樣，不化粧就會不安，缺乏自信，即是「化粧品中毒」。

但是也並不表示最好不要化粧、不使用化粧品。

使用化粧品就會變美的想法是錯誤的。

無論年紀大小，為了擁有光滑柔嫩的肌膚，我們不得不在不良的生活環境之下尋求保護皮膚之道。所以，我們必須選擇適合自己膚質的化粧品，以正確的化粧方法來保養皮膚，而且對現代女性而言，化粧也是一種禮貌。

從現在起，試著使自己「利用」化粧品，而不是「依賴」化粧品吧！

(5)過度的粧扮會使肌膚疲勞

世間評定「美人」的標準，首先就是要有美麗的肌膚。

強調增加魅力的化粧品，使用後總予人一種臉上漆油漆的感覺。大部分的化粧品製造商都不考慮年齡上的差距來生產避免皮膚粗糙的化粧品。

可是許多女性都毫不懷疑的認為：「使用這種化粧品會變得更美麗」，而在臉上塗滿各種色彩。

・使眼睛看起來大一點的化粧。

・使鼻樑看起來挺直的技巧。

・使臉頰看起來稍瘦的祕訣。

這些化粧品只不過會使自己的臉看起來像畫布罷了。

使用多種美麗的色彩來化粧，無論是多麽平凡的臉也會變得有個性。就像演員一般，非常顯眼。

某位有名的文藝評論家毫不留情的批評濃妝的女性：「化粧是為了保護臉部，並不是要吸引別人。暴露自己的缺點且不是太狂妄了嗎？化粧真是妖怪變身的方法。」

這是在提醒女性不要太過濃妝艷抹。恐怕許多女性會說：「這是什麽話！」

但是，持相反論調的女性肌膚的共同點便是：她們的膚色一點也不自然。

仔細瞧會發現她們的粧很容易脫落，這是因為皮膚機能衰退，化粧品無法溶於肌膚的緣故。如同消耗過多體力，胃的消化能力也會減弱一樣，化粧品不易附著於臉部是由於肌膚過於疲勞，絕不是化粧技巧不好。

連續數日化粧的話，導致肌膚慢性疲勞是當然的，日本女性十人之中就八人的皮膚處於慢性疲勞狀態。

若是這種情況持續下去，肌膚就會陷入衰弱狀態。

所謂衰弱狀態就是毛細孔擴張，使皮膚表面產生腫疱，即使指壓也沒有反彈力的狀態。如果放任不管，會產生許多雀斑和小皺紋。容易脫粧或者是化了粧仍看得出皮膚粗糙的人，

你的臉又不是
調色盤，化粧
時間太長了吧！

您的肌膚已呈現衰弱狀態了。

其實，真正令人頭痛的並不是皮膚粗糙而是化粧的本身。

不管肌膚是慢性疲勞也好，呈現衰弱狀態也好，只要您注意到了就有恢復的機會。若是非但沒有發現反而還想去買更好、更貴的化粧品來使用，那才是真正的悲劇。

大概沒有一位醫生會告訴苦於內臟衰竭的病人：「想吃什麽就吃什麽，儘量吃。」病人有病人該吃的東西，就像疲勞衰弱的肌膚也有適當的治療方法一樣。

如果到現在您對化粧還是毫無疑問，不妨想想：「我是不是應該重視肌膚的保養了。」從此開始恢復美麗肌膚。

(6)濃妝艷抹是造成皮膚病變的元凶

近來化粧品的種類愈來愈多，於是產生過度使用化粧品的問題。

化好粧才出門對大多數的現代女性來說已成為習慣。「不化粧會看起來很呆板」、「素著一張臉會沒有信心」等等的原因使得女性認為出門化粧是理所當然的事。

難道你只帶了化粧品？

就上班女郎而言，自早上化粧到晚上回家卸粧之間就超過十個鐘頭，而有些人下班後也許不立刻回家去某處逗留，一天之中有大半的時間都化粧，漸漸就會對肌膚造成傷害。可能有人會認為：「我的化粧品是植物性的，沒關係，不必那麼擔心。」切記千萬不能夠大意。

不論化粧品的原料是以動物、植物、還是礦物為主，其所含有的化學物質是不變的只是成分不同而已，對人類的肌膚來說仍舊算是異物。那些異物每天附著在我們的皮膚上高達十個小時，實在是很可怕的。

對於化粧品毫無疑慮的人幾乎都已經把化粧視為生活的一部分。某雜誌刊登了分析這類女性心理的文章，現在就讓我們來看看：

——『即使是在無人的荒島，女性仍是愛漂亮的。』某位女性這麼表示。因為在那位女性的心中還有一位很重要的女性觀衆存在，只要她一化粧就會鼓掌讚美……。女性之中很少有人會認為自己不是美人的。就算不是特別美麗的美女，心中的那位觀衆還是會說：「沒關係，比別人漂亮就行了。」因此身旁若是無人，化粧也是值得的。

品　　名	%
蜜蠟	10.0
鯨蠟醇	5.0
羊毛脂	8.0
可斯比油	37.5
甘油斯德阿烈特	2.0
聚氧化乙烯索爾維他命莫納歐里多	2.0
丙烯甘油	5.0
香料	0.5
防止氧化劑及防腐劑	適量
精製水	30.0
每公斤單價……日幣1202元50錢	

冷霜的內容分析

「女性化粧是理所當然的，不化粧才會讓人感到奇怪。」似乎是從古至今的觀念。但是現代卻是最依賴化粧品的時代，也是化粧品消耗量最多的時代。

和第二次世界大戰（一九四一～一九四五年）比起來，恐怕有數千倍至數萬倍的銷售量。

結果，由於化粧品引起皮膚病變的例子愈來愈多了。

上表是某化粧品的內容分析表，其中成分一欄記載了許多我們未曾聽過的物質名稱。

於是我們可以知道化粧品是化學物質的複合體。不管是強調多安全的化粧品也一定會刺激皮膚，產生副作用。

所以，強調能夠治療雀斑和細小皺紋，保持光滑肌膚、具漂膚作用的化粧品，都含有多種的化學物質，也更有可能引起副作用。

積極研究皮膚病變的美國FDA機構（相當於日本的衛生福利部）表示：倘若有化粧品導致皮膚病變的比率是十萬人僅有三人的話，那種品牌的化粧品就值得被推薦為優良化粧品。坦白說沒有副作用的化粧品實在是很少的，不，應該說是根本沒有。

如果我們說凡是直接塗抹於臉上的化粧品或藥品，沒有一種是適合每個人的，真是一點也不為過。那是因為個人皮膚的感受性不同之故。所以，選擇適合自己肌膚的化粧品是很重要的。

為了使自己更美而使用的化粧品反而會傷害肌膚，造成無法挽回的遺憾，女性朋友應該要特別注意。

(7)如何擁有美麗肌膚

您或許不知道，三十年前女性的肌膚就已經開始惡化了。某位皮膚科的醫生苦笑的說：「若是沒有女性化粧品引起的皮膚病變，我們的診所就無法生存下去了。」這可不是開玩笑的話。

當然，會傷害女性肌膚的並不是只有化粧品。有些女性為了使自己的身材像時裝模特兒一樣苗條，不惜絕食減肥，或者是無法適應千變萬化的社會、工作上的壓力、人際關係等等許多原因會引起貧血及便祕，結果造成皮膚粗糙。另外，在最近喜好抽煙喝酒的女性也逐漸增加，這些原因都會引起傷害皮膚。

食品營養學和保健學的研究機關認為：想要保有美麗的肌膚首先就要有健康的身體。想要減肥的人減少三公斤就行了。以下是他們的主張：

即使是一顆蛀牙也會產生毒素來傷害肌膚。所以，為了要有健康的身體，減肥三公斤就可以使人變得年輕、漂亮。尤其是超過三十歲的女性，由於皮脂分泌功能衰退，必須注意膽固醇的攝取，肝臟是最好的來源。還有，青菜也要多吃以防止身體老化。總之就是要吃有益於皮膚的食物。

再來就是要有充足的睡眠和安定的心。

身體不健康是不可能擁有美麗肌膚的。其原因雖然很多，不過現代日本女性的皮膚比以前更加粗糙是不容否認的。

那麼，該如何才能擁有光滑嬌嫩的肌膚呢？

生病
壓力
HEALTH is
BEAUTY

第二章　了解皮膚正確構造

(1)有關皮膚的正確知識

A 如何決定皮膚的美與醜？

現在就讓我來告訴您皮膚組織和「海藻精」之間的關係。

「海藻精」可使肌膚恢復正常而且不產生副作用。接著我要為各位說明「海藻精」如何使皮膚恢復正常。

「A小姐，你的皮膚又白又細真叫人羨慕！」

「哪裡，其實我不化粧的時候皮膚也是很粗糙的。」

——這樣的對話在上班女郎聚集的地方常可聽到。

但是，肌膚的美醜是以何種標準來評定的呢？

您一定會回答：「用看的不就可以知道了？」

不錯，我們都是憑感覺來評斷：

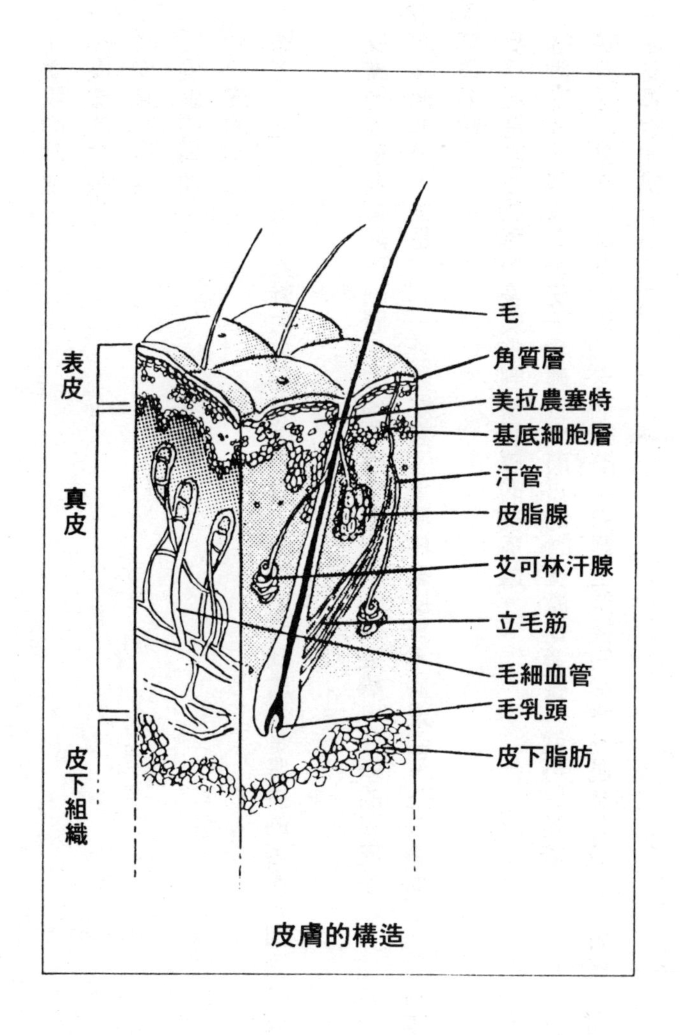

皮膚的構造

(a)皺紋的狀態
(b)皮膚的紋路
(c)皮膚的色澤
(d)皮膚的彈性
(e)皮膚的水分

等等，進而決定個人魅力之所在。不過，我們所看到的只是肌膚的表面，即是「表皮」。

皮膚的表皮是薄薄的一層，臉頰的表皮有〇・〇四公釐，額頭的表皮是〇・〇六公釐，身體的其他部分大多是〇・一公釐左右，更厚的表皮只不過是〇・三公釐而已。比這本書的一張紙還要薄。

我們就是以這麼薄的表皮來判斷肌膚的美與醜。

當然皮膚不是僅有表皮，我們參照前頁的「皮膚構造圖」就可以知道：

表皮之下還有「真皮」和「皮下組織」它們也間接的影響到肌膚的美。「表皮」則是直接決定皮膚的美醜。

因此，所謂「肌膚的保養」就是「表皮的保養」。也就是要以不到○・一公釐的薄皮為對象。

從今而後您拼命洗臉、化粧其實就是為了這○・一公釐以下的薄皮。

您或許會認為無需如此重視不到○・一公釐的薄皮，可是這薄薄的表皮卻能夠決定您肌膚的美醜，千萬不要掉以輕心。「海藻精」對皮膚表皮究竟有何功效也是我們必須了解的。

B　皮膚到八十歲也不會老化

首先我們來看琦玉縣七十四歲的K・S女士寄來的信。

——最近我參加了老人會婦女組的活動，吟咏俳句、剪紙、出遊，相當快樂。平常我都不化粧，為了使自己更有精神而決定撲粉、擦口紅。

我的臉滿是皺紋是因為五十歲之後就沒有保養肌膚，皮膚才會乾巴巴的。當我正為皮膚煩惱時，經朋友介紹開始使用「海藻精」面霜。

使用「海藻精」面霜不久之後，我發現皮膚變得有潤澤多了。孫女好奇的問我：「奶奶，您最近是不是有什麼值得高興的事？」我笑著回答她：「我正在享受老人的春天。」

用了「海藻精」面霜使我忘記自己的年齡，每天開心的過日子。

最近擔憂高齡化社會和老年安養問題的人似乎愈來愈多了。但是像K•S女士這樣怡然自得、充滿朝氣、快樂渡日的老人也愈來愈多了。

您是否曾經想過肌膚老化的事？

「上了年紀肌膚老化是當然的事」、「二十五歲肌膚就會開始老化，還是死心吧！」大部分的人都呈悲觀的想法。

慢著，是誰說二十五歲肌膚一定會老化的？其實這句話是數十年前某化粧品公司想出來的廣告詞。主要目的是在提醒女性要防止肌膚老化。的確，即使生理的老化是不得已的，使肌膚年輕有朝氣還是可能的。

那麽，肌膚的老化到底是怎麽回事？

有人說：「皮膚老化就是長老人斑嘛！」的確，隨著年歲的增長，皮膚的美拉寧色素會沈澱形成老人特有的黑斑。不過，即使老人斑顯示了老化的程度，也並不代表肌膚老化。

製造黑斑色素的含量因各人體質而有不同。

重陽時節介紹百歲人瑞之時，我們不難發現他們的共通點是皮膚光滑又有生氣，仔細看

老太婆的假日

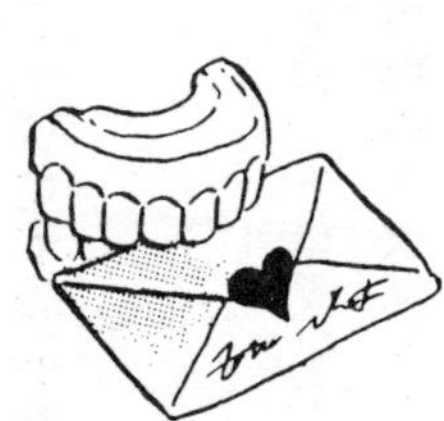

還有薄而透明的感覺。

七十多歲的人也可能擁有同樣的膚質。總之，醫學上所謂肌膚的老化就是皮膚的表皮薄得可以看透裡面的狀態。

但是，為什麽年紀大的人皮膚表皮會變薄呢？

那是因為皮膚新陳代謝的緣故。我們的身體時常進行新舊皮膚的交替！一旦產生了新的皮膚，舊的皮膚就會死亡。通常由於新舊皮膚的替換，表皮的厚度都可維持在標準的〇・一到〇・三公釐之間。若是新皮形成的速度減緩，表皮就會漸漸變薄。

這就是肌膚的老化。

這種現象是誰也無法預防的。皮膚的老化引起全身機能衰退是八十歲以後才開始的。由我們皮膚的細胞潛在能力看來，六十幾歲或者是七十幾歲皮膚仍有可能進行近乎正常的新陳代謝。

某位皮膚科醫生認為：「撇開其他的條件不談，皮膚的壽命可以有八百年到一千年左右。」因為人類無法活到那麽久，所以不能夠證明。其實，人類的皮膚是充滿活力的。

於是，從年輕的時候就煩惱：「我的皮膚好像已經開始老化了」的人，實在是多慮了。

三、四十歲皮膚是絕對不會老化的。即使是五、六十歲皮膚還是能夠進行新陳代謝，到了七十歲仍然能夠保有光滑柔嫩的肌膚。

不過就算皮膚有新陳代謝的能力，能夠有效利用使美麗肌膚重視的人又有多少呢？

「海藻精」化粧品可以讓您的皮膚的功能發揮到極致。美麗肌膚的三大條件—紅潤、不乾燥、有彈性，「海藻精」正可幫助您獲致美麗肌膚。

C　由皮膚來吸收養分是錯誤的觀念

「四十歲以後，我深切的感到皮膚開始老化，僵硬、無光澤，膚色也變黑了。於是我改用含有維他命E，可防止肌膚老化的化粧品，卻一點效果也沒有。就在那個時候朋友介紹我使用「海藻精」面霜。早晚各一次，洗臉後沾少許塗抹於臉上然後再輕輕地按摩，不會花費太多時間。大約經過兩週之後，皮膚就會變得柔軟而有光澤。使用一個月以後，皮膚更加嬌嫩了。現在已恢復原本細緻、有彈性的肌膚。朋友還笑我：『你看，是不是年輕了十幾歲？』。」

這是住在京都的J・U女士的經驗。「海藻精」面霜使皮膚的新陳代謝恢復了正常。

由於維他命不易從皮膚吸收，從食物中攝取維他命才有助於皮膚。因此，使用含有維他命E的面霜並不能夠使皮膚的細胞變年輕。

不只維他命，礦物質、蛋白質等身體必須的養分都是由毛細血管進入淋巴液，運送到身體的細胞組織。從皮膚的表層進入的物質基本上應稱做異物。

「可是，我使用的面霜在外包裝盒上有明確的標示是『營養面霜』呀！」也許會有人這麼說。

這就是把消費者當作傻瓜，吊卡上寫著「營養面霜」只不過是商人的宣傳手法。

曾經有個美國的化粧品公司販賣強調滋養皮膚的面霜，結果銷售量非常好。所謂滋養即是給予皮膚營養的意思。有了這家化粧品公司的先例，其他公司紛紛起而仿效，開始販賣營養霜。

相當於日本衛生福利部的美國FDA機構在知道「皮膚是無法吸收養分」之後，便採取行動了。可是因為受到化粧品業者的抵抗而在當時沒有辦法制止業者。現在，美國已經全面禁止在化粧品上標明「滋養」的字眼了。

日本的化粧品業者將「滋養」二字翻譯，並加以用。他們不強調化粧品有滋養的效果，

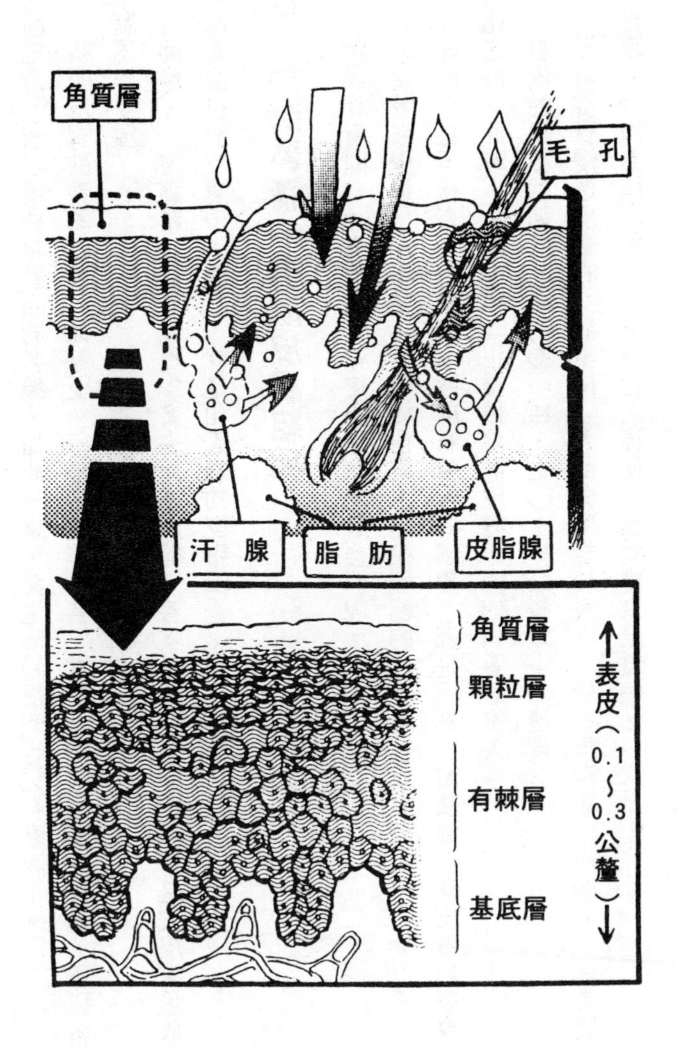
角質層
毛　孔
汗　腺
脂　肪
皮脂腺
角質層
顆粒層
有棘層
基底層
表皮（0.1～0.3公釐）

反而把這二個字用於化粧品的名稱，如此一來，衛生福利部門也只有默認了。

明明沒有滋養的效果，卻冠上「營養面霜」之名，實在是存心欺瞞消費者，所以各位請千萬不要受騙了。

那麼，「海藻精」能不能從皮膚表面進入呢？答案是肯定的。它並不是被皮膚吸收，而是浸入溶合於皮膚中。總之，就是和人類的皮脂混合，溶化其中之意。

D 「海藻精」構成皮膚組織

您或許會問：「海藻精」和皮脂是怎麼溶合的呢？

試試看取少量「海藻精」面霜於指尖，然後輕輕的抹在臉上。

如何？是不是有「海藻精」被皮膚吸收的感覺？那是因為「海藻精」向皮膚內層滲透、溶化之故。此時，「海藻精」正慢慢地從皮膚表面的角質層滲入。

表皮的組織就如同前頁的圖一樣，是〇・一公釐以下的薄皮。

從角質層浸透皮膚的「海藻精」大部分聚集於表皮，然後再漸漸向內滲入。角質層內含皮質膜，「海藻精」和皮脂膜溶合之後便開始轉變為皮質膜。

就像我們洗完臉、皮脂膜暫時消失的時候，「海藻精」便滲透到角質層的空隙之中，形成皮脂膜。

對於由毛孔滲入的「海藻精」，毛孔裡的皮脂腺也會分泌皮脂與其溶合。

臉部肌膚一平方公分有一百個皮脂腺，而全身平均有四百～九百個皮脂腺。於是「海藻精」便大量聚集於皮脂腺周圍，和皮脂混為一體。也可說是隨著皮脂分泌又回到了皮膚表面，暫時儲存在皮脂腺之中。

另外，就「海藻精」滲入皮膚的量而言，一般來說若是濃度高，滲透的量也愈多。

在我們擦藥的時候有所謂「密封包紮法」，這就是塗完藥之後再繞上繃帶，比單純塗抹更能夠使皮膚吸收。因此，皮膚相當粗糙的人若是想早一點恢復美麗肌膚的話，以此為要領、塗抹「海藻精」之後再纏上繃帶密封也不失為一個好辦法。

「海藻精」非但不會傷害您的肌膚，還具有補充養分的效果。

⑵黯淡無光的膚色消失了

A 新陳代謝是美麗肌膚之泉源

「海藻精」的美肌功效之中，最引人注目的便是使新陳代謝恢復正常。皮膚的新陳代謝是在「表皮」進行的。

由於表皮是〇・一公釐以下的薄皮，所以千萬不可小看它。我們是否能夠擁有美麗肌膚全靠表皮。表皮的狀態即代表肌膚的美與醜。

如此單薄的表皮共分為基底層、有棘層、顆粒層、角質層等四個部分。

◇基底層——是表皮的最底一層，故名為基底層。皮膚的新細胞就是在這兒誕生。基底層是皮膚新陳代謝的出發點，新細胞在此猶如泉水般湧出，進行「細胞分裂」。

附帶提之，細胞分裂在夜晚的睡眠中，午夜一點左右達到巔峰。這是因為白血球在夜間較為活躍的緣故。由於新細胞是在睡眠中產生的，所以睡眠對於美容是相當重要的。「美麗

即使死了
也有助於皮膚
角質層
愈往上的細
胞愈趨成熟
水分
顆粒層
因為有了角質層
，體內的水分不
易蒸發，如同透
明P膜一樣
有棘層
基底層
壽命
二個星期

就在一夜之間」這句話就是這個意思。

◇有棘層——在基底層產生的新細胞向上推擠，便來到有棘層。因為細胞看起來像充滿了棘一般，各之為有棘層。這兒的細胞分成五～十層，有靠近基底層剛產生的新細胞，也有接近上層的成熟細胞。

由於細胞和細胞之間有空隙，養分便可以不斷地從真皮的毛細血管滲入，再經由細胞之間的空隙向上輸送。

◇顆粒層——有棘層的細胞慢慢向上推擠，被壓碎成為扁平或是長形紡錘狀的細胞。就細胞而言已經是非常老舊的細胞了。因為這一層的細胞呈顆粒狀，而且全部擠在一起，故名為顆粒層。通常分為二～三層。

◇角質層——從下向上推擠的細胞，轉變成一種叫做角蛋白的硬蛋白質，逐漸被壓扁導致死亡。於是乾透了的細胞堆疊成薄板狀依序剝落。

所以，表皮在基底層生成，漸漸向上推擠，約要二個星期才能夠到達角質層，而細胞剝落也需要大約二個星期的時間。這就是所謂的「新陳代謝」，每一周期大概為二十六日至二十八日。

請仔細看看您的肌膚，皮膚能有如此的變化實在是無法想像的事。但是我們卻能感覺到指甲變長了，其實長指甲和皮膚新陳代謝的道理是一樣的。

B「海藻精」可以促進新陳代謝

那麼，「海藻精」在皮膚新陳代謝的過程中扮演著什麼樣的角色？

答案是：滲入皮膚的「海藻精」可以保護所有的細胞，使表皮的新陳代謝正常。

若是要詳細說明「海藻精」的功能，我可以告訴您：首先「海藻精」便是聚集於角質層，製造皮脂膜。

角質層位於皮膚的最上層，厚度僅有數微米而已，而表皮的厚度也只不過是〇‧一至〇‧三公釐，故角質層實在是相當的薄。另外，角質層也是從底層被推擠上來的細胞死亡的地方。於是，或許有人會認為：「角質層不就是毫無利用價值的廢物了嗎？」這是錯誤的想法，角質層可說是表皮之中最重要的部分。

前面曾經提過：「細胞分裂之後到達角質層需要二個星期，細胞死亡之後也會在角質層停留二個星期。」如果對身體而言是不必要的廢物，死亡的細胞還需要在角質層停留二個星期嗎?其實，死亡的角質化細胞是因為有益於人體才留下來的。

為什麼呢?第一個理由就是為了要保存體內的水份。若是沒有這數微米的角質層，我們體內的水份就會立刻蒸發，皮膚也會變得非常乾燥。

在皮膚學上，皮膚內的水分蒸發的比例叫做TWL值。一般來說，室溫十五～二十度之內，一小時面積一平方公分皮膚的TWL值是〇・二毫克。這叫做「無感蒸發」。即使室外的濕度很高，TWL的值也不會改變。反而是在皮膚的溫度上升、皮膚發炎的時候，TEL之值才會急速上升。總而言之，就是喪失了許多水分。

倘若皮膚的角質層正常的話，就可以確保肌膚光滑。

還有，我們體內的脂肪酸一減少，TWL之值就會急增。也就是說皮膚的角質層脂肪不足的話，皮膚的水分便會蒸發。

所謂角質層的脂肪便是指細胞角質化的時候被分離的脂肪，是由皮脂腺分泌皮脂形成的。

皮脂膜的厚度約為〇・四五微米（10^{-6}米），存在於皮脂膜的脂肪量在正常的角質層，一平方公分的皮膚有一九～一六〇ug，依據部位的不同而有變化。

溶入角質層的皮脂膜和水分混合為乳化性的薄膜，想要使其分離幾乎是不可能的。

根據個人體質差異，皮脂膜脂肪量多的人，其肌膚稱為油性肌膚或是脂肪性肌膚。反之，皮脂膜脂肪量少的人，其肌膚則稱為乾性肌膚。

如果您有著皮膚粗糙或者是有點緊繃的感覺，就是在警告您：「皮脂膜的脂肪含量不足了哦！」

皮脂膜的脂肪含量不足時，水分就會從下層的細胞開始蒸發，不久肌膚就會失去潤澤。結果便有許多嚴重的情況會發生於我們的皮膚。

C　水分不足細胞萎縮造成肌膚黯淡

在您的周圍一定有不少人會說：「我的膚色怎麼總是那麼暗？」或是「為什麼我看起來氣色不好呢？」

氣色不好的人、僅有臉頰部分沈暗的人，或者是眼睛四週陰暗有黑眼圈的人都相當地多。

但是，引起這些原因的既不是由於日晒，也不是因為洗臉不夠勤快，更不是天生的。根本就是明顯的「沈暗」。

當然，肌膚的黯淡也有可能是因為內臟有了毛病。譬如肝功能異常的例子。

肝臟是人體中貯藏養分和解毒的內臟，倘若肝臟失調，就會反應在皮膚上。在東洋醫學上有所謂察顏觀色的「望診」診療法。也就是觀察皮膚的色澤、臉部的氣色來判斷肝臟的狀況。

在早晨的通勤電車之中，常可以看到膚色沈暗的年輕女性。大概都是因為飲酒過量或者是熬夜造成肝功能衰弱的緣故吧！

肝臟功能衰弱就會使皮膚失去生氣，不健康而面呈土色。肝炎和肝臟硬化的患者，他們的皮膚之所以會變黑乃是因為肝臟未能充分發揮解毒的功能，使皮膚的代謝功能低下所致。吸煙過量和偏食造成的營養不良也會使肝臟功能衰退。尤其是指加工食品和速食，攝取過多的過氧化脂質的結果，會導致肝臟的負擔急增，產生危險。

可是，除了肝臟方面的疾病，明明身體健康膚色卻黯淡的也大有人在。主要的原因是由於肌膚的水分流失使細胞變細之故。

細胞一變細，皮膚就會萎縮。

皮膚萎縮就會使那部分的色素密度增高，因為那部分的色素密度增高，當然顏色也會變

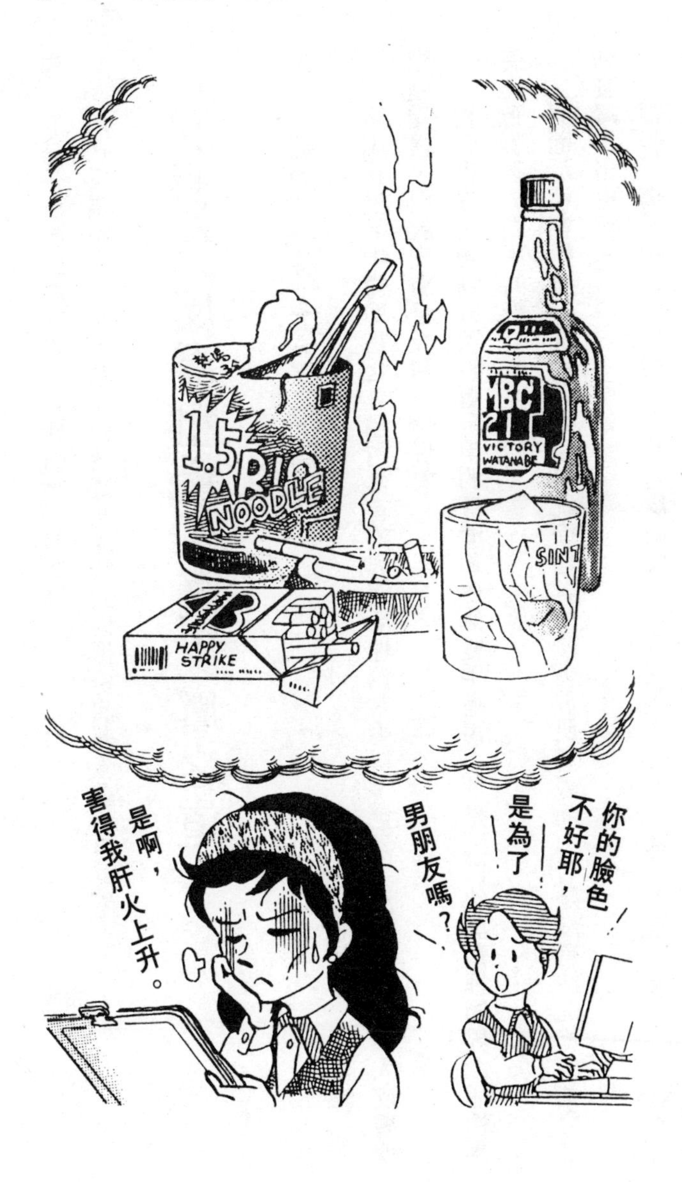

MBC 21
VICTORY
WATANABE
NOODLE
HAPPY STRIKE
SINT
你的臉色不好耶，是為了——
男朋友嗎？
是啊，害得我肝火上升。

濃。於是，皮膚會由於失去彈性而變得黯淡無光。

取代皮脂腺的「海藻精」對於這些症狀的恢復扮演著極重要的角色。

⑶避免皮膚粗糙保護皮膚之道

A　細胞分裂正常運作嗎？

所謂化粧品中毒即是化粧品內含有的界面活性劑、香料、色素、油脂等成分滲入皮膚使細胞受損，引起皮膚發炎的一種現象。

我們也常常聽到人家說廚房用的洗潔劑會使雙手變粗，那是因為洗潔劑裡的界面活性劑使皮脂膜易於剝落的緣故。

界面活性劑摻雜了洗面皂，由於洗面皂容易殘留於肌膚表面，若是沒有沖洗乾淨就會立刻發癢長出斑疹。

細胞受傷是相當可怕的，尤其是皮膚喪失水分衰弱之時，一旦受到異物侵入就連最下面

異物

的基底層也會受到傷害。

表皮的基底層是新細胞產生的地方，若是基底層遭受異物的侵襲，對皮膚而言真的是很嚴重的事。

在基底層進行的細胞分裂，其實就是皮膚新陳代謝的起點，新的表皮細胞就是在此誕生。如果細胞分裂不能夠正常運作的話，新生的細胞就會和原來的細胞不同。

要詳細的敍述細胞分裂是蠻困難的，簡單地說，細胞分裂就是一個細胞分裂為二，而新生的細胞和原來的細胞具有相同特質的增殖法。倘若產生的細胞和原細胞的性質不同是很麻煩的，比方說：胃部的細胞可促進胃的蠕動，若是胃內產生了具有促進大腸功能的細胞，豈不是很糟糕？對表皮細胞來說也是一樣的道理。

假如細胞受損，從此生出的新細胞就會有所不同，不僅是細胞的性質不同，其功能也會不同。

其中最嚴重的便是癌細胞。科學家們以動物來做實驗，在動物的皮膚上塗上焦油等致癌物質，不久就發病了，這是因爲致癌物質侵入了正常細胞之中，癌細胞才會開始增殖的。

如果您不想使自己陷入癌症的恐懼之中，就必須注意：

(a)皮膚的細胞是否失去活力？毫無生氣？

(b)細胞是否堆積了太多的有害廢物？

(c)會傷害細胞組織的化學物質是否侵入細胞內？

(d)細胞組織的一部分是否已經遭受紫外線的破壞？

以上這些情況都會使皮膚無法產生正常的細胞，製造出有缺陷的細胞。

在基底層產生的新細胞要經過二個星期的推擠才會到達表皮。新生的細胞如果不正常，自然就無法使肌膚變美。所以，我們應該儘量使表皮基底層的細胞分裂正常運作。

如此一來，細胞才能夠充滿活力，將老舊的廢物排出。給細胞一個可以正常活動的環境，才是維持健康的方法。

另外還必須注意的就是：為了不讓進行細胞分裂的基底層細胞產生具有別種功能的細胞，使基底層的細胞保持活力與健康是必要的。

B　注意副腎皮質荷爾蒙的副作用

在我們的四周能夠突破皮膚的保護層，侵入皮膚的異物有許多，其中最可怕的就是化粧品內含有的香料、油脂、界面活性劑等物質了。

雖然藥物之中也含有這些物質，但是藥物是為了治療我們的身體才入侵皮膚的，皮膚應該很歡迎才是。

藥品之中有一種叫做「副腎皮脂荷爾蒙」。

副腎皮脂荷爾蒙對皮膚和濕疹具有很好的療效，可是卻有意想不到的副作用。

在這兒我們要先提到的就是：外國的奧林匹克運動獎章得主都是在四十歲左右就死亡了，他們的短命引起了廣泛的爭議。探究其原因的外國記者公布了真相，原來他們為了使肌肉強健而使用特殊的類固醇藥品。

以下就說明類固醇藥物會引起的副作用：

(a)身體浮腫。

(b)胃腸功能衰弱。

(c)高血壓。

(d)肌肉力量低下。

(e)手腳變細。

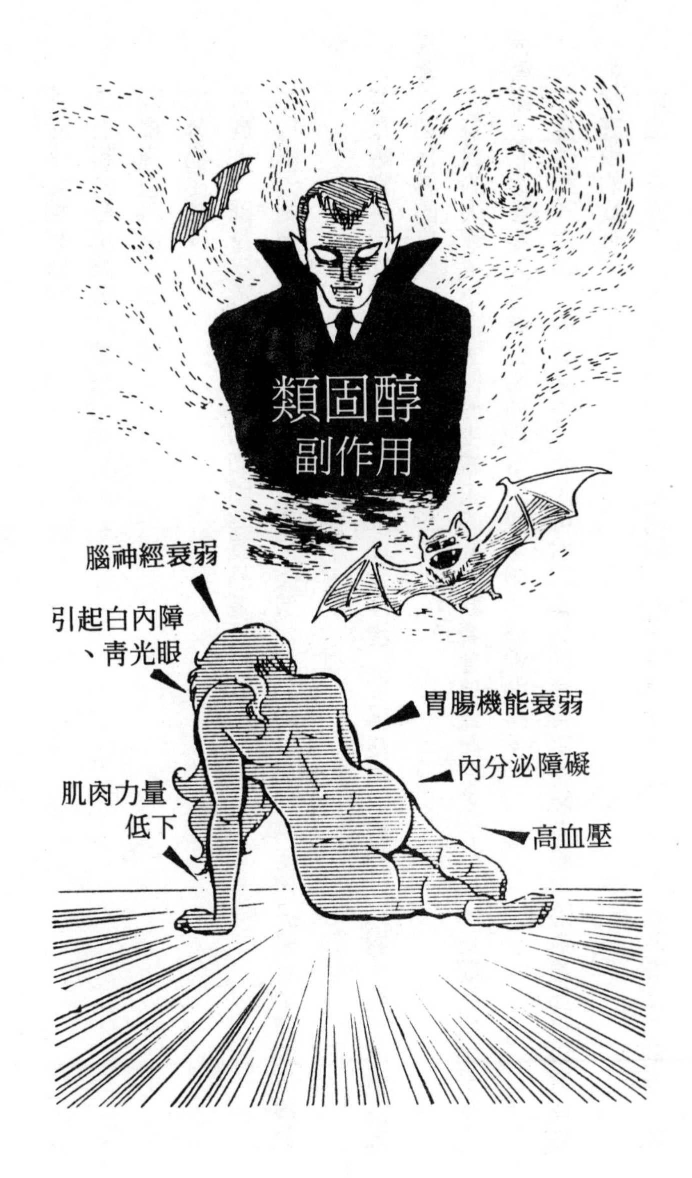
類固醇
副作用
腦神經衰弱
引起白內障
、青光眼
胃腸機能衰弱
內分泌障礙
肌肉力量
低下
高血壓

(f)產生腦神經衰弱。

(g)引起內分泌障礙(糖尿病等)。

(h)罹患白內障、青光眼。

(i)容易生病。

其實，「副腎皮質荷爾蒙」和類固醇藥品是同性質的。

在日本，副腎皮質荷爾蒙是被禁止用來製造化粧品的，只能夠使用於藥局販賣的皮膚軟膏。

若是經常使用這種藥，就會引起臉部血管浮現、皮膚變薄、抵抗性減弱，稍一不愼受傷就會立刻化膿的症狀。

大多數的人都不相信塗抹於皮膚上的藥用軟膏會導致此嚴重的後果。長期使用副腎皮質荷爾蒙，它便會滲入皮膚在體內堆積，使身體不停地顫抖。

在衛生福利部許可的範圍內，如此可怕的藥品仍是有可能販賣的，因為誰都可以買得到一般家庭用的軟膏。

在此，我要苦口婆心的奉勸那些愛用取代打底面霜化粧品的女性，長時間使用的話，就會超過衛生福利部認可的標準數值，為自己招致危險。

C 「海藻精」可以治療皮膚病變

任誰都會討厭皮膚粗糙。

特別是嚴重的皮膚粗糙，不僅本人感到厭惡，也會給別人一種骯髒、不乾淨的印象。所以能夠儘早治癒是最好的。但是，皮膚粗糙並不是很容易治療的。

不論是皮膚粗糙或者是要恢復美麗肌膚，基本上都和細胞分裂有密不可分的關係。

一個新生的細胞從角質層剝離大約需要四個星期的時間。也就是說新陳代謝要花費四個星期才能夠完成。

換句話說，每四個星期就會有新的細胞來替換原來的老細胞，每隔四個星期肌膚就會變得更美。如果不到一個月就可以使肌膚變美，我們還有什麼好煩惱的呢？其實也有可能在更短的時間使皮膚變美，當然也有需要更長的時間的。這是因為表皮進行細胞分裂之故。

正常的新陳代謝的周期為四個星期，那麼基底層細胞分裂的周期是多久呢？

以一個細胞來說，並不是一直在進行細胞分裂的，而是不停地重複分裂↓停止、分裂↓

停止的程序。從最初的分裂到第二次的分裂期間叫做「細胞周期」，細胞分裂是在夜晚我們熟睡的時候進行的。

皮膚基底層的細胞周期大概有二百小時，可是實際進行細胞分裂的時間只有短短的七～十二個小時，停止的時間比較長。

一個細胞分裂的情形是如此，而基底層有無數的細胞，由此可見細胞是經常在進行分裂的。

若說基底層是細胞的工廠，細胞便是員工，每二百個小時進行一次細胞分裂以達到勞動指標。這樣解釋您就有具體的了解了吧！我們的皮膚能夠自在地進行細胞分裂，就是為了塡補在角質層死亡的細胞留下來的空隙。

靠近肌膚表面的部分會因為面皰、日晒、斑疹、卡米梭利馬可以及臉部其他細小的凹洞而引起皮膚發炎，細菌入侵、細胞受損，於是製造細胞的基底層開始活躍起來，以平常二倍的空間，一百個小時為細胞周期繼續進行分裂。依據症狀的不同，細胞周期也有可能縮減成三十個小時。

發炎成受損的表皮上層，細胞不足，由於細胞工廠不斷地製造新細胞才能使發炎和傷口

4WEEK

復原。

總而言之，因為基底層的細胞是回復上層細胞的原動力，所以無法隨時治療粗糙的皮膚。若是時間拖得太長，就會使基底層的功能減弱。

由於「海藻精」能夠滲透到基底層，提高細胞的活動，此時便成了最有效的助力。

第三章　驚奇大發現！「海藻精」的秘密

(1)「海藻精」可使皮膚光滑

這是某位四十五歲家庭主婦的經驗。

她的丈夫因為過度勞累而住院數日，那幾天她日日看著鏡中的自己，突然發現皮膚似乎急速老化了。

「我以為是操心和探病疲累所致。」但是原本年輕又有光澤的肌膚只不過五、六日就變得黯淡、皺紋也增多了，感覺就像是老太婆一樣，使這位主婦非常不安。

她開始緊張，深怕再不化粧就無法見人了。可是即使使用同樣的化粧品還是無法改善粉底霜的附著情形，反而臉上長出一粒一粒的濕疹。

不知道如何是好，只好去皮膚科接受治療。醫師建議使用含有副腎皮脂荷爾蒙的軟膏。塗了這種軟膏之後，第二天皮膚的濕疹立刻消失了，皮膚也不再那麼粗糙。

「啊！真高興，用這種軟膏就行了。」但是不再塗抹以後，皮膚變得比以前更粗糙，濕疹又長出來了。

細小皺紋
濕疹
皮膚粗糙
膚色黯淡
海藻精

皮膚科的醫師仔細檢查之後告訴她：「擦軟膏是一時的權宜之計，只能治標不能治本。這種軟膏內含的成分會傷害皮膚，長時間使用反而會有危險。至於你的臉為什麼會變成這樣，我也不太確定，你還是去大醫院求診吧！」

這位懊惱的主婦把事情的經過告訴一位人面廣的友人，請她幫忙介紹一家大醫院。

「我當然會為你介紹，不過你也可以試試我的『海藻精』面霜。這種面霜是依照生物工藝學從海藻之中抽取天然物『高分子多糖體』，完全不含化學成分，使用之後絕對不會傷害肌膚。因為它是水溶性的化粧品，可以使面皰、疙瘩、皮膚病變、角質硬化等弱質細胞活性化，促進肌膚的生理作用。美容指導員在推銷的時候告訴我：『你就當做是受騙了試用看看。』沒想到卻治好我的皮膚粗糙。」說著說著就遞給她一瓶「海藻精」面霜。

受到朋友的推薦，她立刻開始使用「海藻精」面霜。在等待大醫院門診的日子，恰好自第十天起，發炎引起的皮膚紅腫慢慢變薄，而且開始回復自然的膚色。

隨著使用天數的增加，皮膚愈來愈有光澤了，大概到了第十五天濕疹消失了，肌膚也不再粗糙。

這位家庭主婦非常感謝她的朋友，從此以後她便成為「海藻精」面霜的愛用者。

(2)埋藏於荒蕪村落的「海藻精」

海藻在日本的各個海域都可採取，由於香氣濃郁又被稱為「海之香」，從以前就是日本人用餐時不可缺少的食品之一。日常吃的食物之中，昆布、紫菜、綠海苔、黑海帶、羊栖菜、石花菜、海蘊、水松……等等數不清的食品都是由海藻製成的。

另外，也有人說海藻是有益於髮根的食物。

因為生長頭髮的頭皮和臉部的皮膚具有相同的生理組織，既然海藻有益於頭髮的生長，應該也不會對皮膚造成傷害才是。那麼到底有沒有效呢？於是便激起業者發明「海藻精」化粧品的想法。

原本海藻生長於同是四面環海的島國英國，有八百種之多。而日本則是因為拜暖流黑潮和寒流親潮之賜，種類多達一千二百種以上，是當時不可或缺的原料，可惜卻不能夠食用。

還有，海藻只能生長在乾淨的海域，不會遭受公害污染可以安心食用。於是，常吃海藻的地區，長壽的人很多便不難明白了。

「海藻歲時記」這本書就介紹了海藻的效用。

——石花菜生長於寒冷的冬天，它可以製成洋菜凍是大家都知道的。採下石花菜晒乾煮成茶水，是清除動脈穢物的良藥。中年以上的老化現象、高血壓、心臟失調等等不妨煎煮石花菜來飲用。

——黑海帶、羊栖菜和油豆腐混合煮食是日本人常吃的，凡是日本人都能夠輕而易舉地作出這道菜。它能夠使體內的老廢物排出體外。

——若說海藻類食物是美容聖品，您是否願意再對它有更進一步的認識？

如此看來，遠古時代的祖先早就知道海藻的益處，為什麽沒有用於美容養顏方面呢？

那是因為海藻精的抽取是相當困難的，有賴於科學的發達才能夠做到。現在我們便可以依據生物工藝學的原理成功地從海藻之中抽取「高分子多糖體」。

以前日本女性肌膚的美可用嬌嫩、細膩柔軟來形容，根本不需要化粧。

而且當時並無需擔心皮膚會接觸到髒空氣，飲食也以青菜、榖類、魚類為中心，可以獲得均衡的營養。當時也並沒有會傷害肌膚的化粧品，皮膚自然不會粗糙不堪。

相反地，就像前面介紹過的苦於濕疹、皮膚粗糙的家庭主婦，對於許多為了自己的肌膚

紅　藻　類 牛可農利類 （原始紅藻類） 真正紅藻類	牛可農利類……紫菜、晒乾的海苔、烏茲普路易農利等等。 石花菜類………石花菜、歐尼草、希拉草、尤依區里等等。 烏米粗麵類……烏米粗麵、歐基莫茲可、貝尼莫茲可、福薩海苔等等。 紅藻類…………紅藻類等等。 卡柯雷特類……淚花、海蘿等等。 斯奇海苔類……髮菜、奇里薩伊、鹿角菜等等 伊奇斯類………伊奇斯、尼可海苔、鷓鴣菜（海人草）等等。
褐　藻　類	海帶類…………其可伊希昆布、米茲伊希昆布、（日高昆布）、切絲海帶、馬昆布、里希里海帶、歐尼昆布、福龜、黑海帶、卡其美、火梭昆布等等。 希馬達馬類……奇馬達馬、羊栖菜、馬尾藻等等。 那卡馬茲模類…海蘊、馬茲模等等。
綠　藻　類	綠藻類…………綠藻、綠海苔、希多草等等。 水松類…………水松等等。 綠藻類…………綠藻、綠海苔、希比西多龍等等（淡水產）。
藍　藻　類	水前寺海苔等等（淡水產）、綠藻。

海藻的分類表

懊惱的現代女性而言，「海藻精」的發現對她們來說真是莫大的恩惠。即使說是有效的大發現一點也不為過。

⑶為什麽「海藻精」可以滋潤皮膚

住在東京都的三十六歲家庭主婦K・K女士，五年前閱讀了日本消費者聯盟發行的「危險化粧品」一書之後，明瞭塗抹化粧品反而會使肌膚受傷就再也不擦化粧品了。

但是，過了三十五歲皮膚就會開始變得粗糙，若是不加以保養，該如何是好？所以，化粧品還是必要的。

皮膚會變得粗糙並不是因為乾燥，而是由於年紀的關係皮膚才會開始變粗糙的。

因為閱讀了化粧品公害的書之後給了她強烈的震撼，K・K女士回憶起當時的情形：「那個時候，即使我不得不塗面霜我也會先考慮面霜所含的成分，是否能夠安心使用，真令我進退兩難呀！」

K・K女士非常喜歡閱讀，碰巧那時我出了一本「素肌的青春・遺傳基因化粧法」的書，書中記載著：使用「天然海藻精」的面霜來化粧，難道還不能使你安心嗎？這句話給了她靈感。

開始使用海藻精面霜三天後，讓人驚訝的是：只在睡前塗抹少許的面霜，原本粗糙的皮膚竟然完全恢復了。即使五年之間沒有使用任何化粧品，吸收的效果還是很好，「真是太不可思議了！」就連K‧K女士自己都不敢相信。

這就是所謂的「天降甘霖」吧！「海藻精」的神奇效果立刻就顯現了。

現在，K‧K女士光滑的肌膚，絕對不會輸給十三歲的年輕少女的肌膚。

以上說明的「海藻精」的美膚效果倒是給了我們許多啟示。

為什麼「海藻精」製成的面霜可以使K‧K女士恢復美麗肌膚？

想要知道答案就必須先了解保持皮膚潤澤的組織。我會在下一節為您做詳盡的介紹。

⑷缺少皮脂膜皮膚無法獲得滋潤

洗臉之後，您的肌膚有什麼樣的感覺呢？由於水份還留在肌膚上，應該不會有失去潤澤的感覺，而是稍微有一點緊繃吧！實際上那就是皮膚失去潤澤的證據。

我們洗臉的目的是為了把臉上的灰塵和汚垢洗落，使自己看起來乾乾淨淨的。但是，在洗臉的同時也把皮膚表面的「皮表脂質」給洗掉了。

所謂「皮表脂質」就是皮膚表面的脂肪部分，就是一般的「皮脂膜」。

我們的皮膚若是缺少了皮脂膜會變成什麼樣子呢？

皮膚表面原本有充足的脂肪，如果脂肪突然消失了，就會像被晒乾的稻田一樣，飽受缺水之苦，這種情況肌膚是承受不了的。

乾涸的稻田倘若不儘快引水灌溉，稻子就會全部乾枯而死。我們的皮膚因為有了皮脂腺，便能夠自行分泌脂肪。所以皮脂腺可以說是皮膚的私人泉水。

從皮脂腺分泌的脂肪量，每一平方公分的皮膚大約有〇・一至二・〇r（r是表示重量的單位，為一公克的百萬分之一）。雖然是我們難以察覺的些微分泌，卻能夠保護我們的皮膚。

不論皮脂腺的分泌量是過多或者是不足，都會影響肌膚的健康。像前面提過的K・K女士，即是皮脂腺分泌不足的例子。

當皮膚科的醫生或是美容師告訴患者及顧客：「你的皮膚很乾燥哦！」此時大多是指皮脂腺分泌不足而言。但是相反地，皮脂腺分泌量過多的話，就是屬於油性肌膚，也是會引起皮膚病變的。

我們生活中不可或缺的水，就有水質好壞的問題。對皮脂來說也是一樣的。

皮脂是由多種物質組合而成的，大概可以區分為以下三類。

○（甘油三酸脂）＝大約佔百分之六十。

○角鯊烯＝大約佔百分之十。

○蠟酯＝大約佔百分之二十～二十五。

（甘油三酸脂）是中性脂肪，和我們皮下脂肪的組織成分相同。若是要再細分，其種類可多達二十七種以上，其中最具代表性的就是油酸（甘油三酸脂）。

因為它可以分泌某種脂肪，所以被稱為「油酸」。即使同樣是脂肪酸，中性脂肪仍是異於膽固醇和遊離脂肪酸，而呈現出安定的狀態。

「油酸」遍布於我們體內，可以說是人體最基本的脂肪。「其他的可以不管，但是一定要有油酸。」從這句話我們便不難明白油酸的重要性了。

如果你關心自己的健康，一提到角鯊烯，您一定會覺得曾經聽過這個名字。不錯，它的成分和深海鮫取出的肝臟精相同，為市面上販賣的健康食品的其中一種。

第三類的蠟酯就是像蠟一樣地易於定型的脂肪。順便說明：先前的二種是類似於沙拉油的液狀脂肪。

以上便是皮脂的成分分析，若是這三種成分維持著正常的比率，就可以確保肌膚的正常。

倘若它們的構成比率改變將會如何呢？

若是皮脂內的蠟酯增多，皮脂腺就會凝固，毛細孔也會阻塞不易分泌皮脂。還有，若是皮脂內的（甘油三酸脂）不足，就無法保持表皮的弱酸性，反而會使細菌增加。如此一來，不僅皮膚會變得骯髒，也會乾燥粗糙。

使肌膚狀態惡化的原因大都是由於皮脂分泌的質和量不正常所造成的。要說「皮脂是天然的潤滑劑」真是一點也沒錯。

但是，我們卻無法保證皮脂腺能夠永遠分泌皮脂。

所以，也許肌膚的狀況一直都很好，某一天卻突然惡化長出黑斑。如果皮膚老化時，荷爾蒙的分泌就會漸漸減少，身體狀況和食物的不同也會影響荷爾蒙的分泌。這麼說來，我們似乎無法避免皮膚自然惡化了。

此時，若是有和皮脂相同成分的物質，就可以補充皮脂膜缺乏的養分，實在是再理想不過的東西了。

「海藻精」就是皮脂最理想的救援者。

(5)「海藻精」的成分分析

因為海藻具有獨特的香味，又是含有礦物質、維他命、葉綠素等高營養素的食物，可以使秀髮烏黑亮麗，肌膚柔軟而有彈性，肌理細緻，是故很久以前就受到人們的喜愛。

您一定很想知道海藻的成分吧！次頁的表就有詳細的分析。現在就讓我們先來簡單的了解一下：

▽礦物質——海藻是由鋁、鐵、鎂、錳、鈣、磷、硅、氯、碘、溴等物質濃縮數萬倍聚集而成的藻類。

▽維他命——對於維護肌膚的健康而言，海藻含有具備改善血液循環、皮膚呼吸、促進新陳代謝等功能的維他命E、B_{12}、K等等。

▽荷爾蒙——可以促進成長，並排出有機物中的毒性物質。含有賽特凱寧。

▽其他——海藻還含有抗菌性物質的鹵素化合物、有磷類、石炭酸化合物、丹寧酸、有機酸等等。

從含有這些成分的海藻之中抽取出來的特殊的「海藻精」，具有以下的特性：

(a)屬於黏稠膠質狀的物質。
(b)具有水和性（保濕性）。
(c)具有離子反應性。
(d)具有凝膠化性。

(e)具有界面活性。

(f)具有被膜形成能力。

那麼，「海藻精」化粧品是如何將這些特性組合起來的呢？

(1)「海藻精」化粧品百分之九十以上是以海藻抽出的特殊精華為原料，是平均分子量數十萬的電解質高分子水溶性多糖類，電荷為負二。構成多糖類的基本物質就是大家所熟知的糖類，而低分子多糖類則有砂糖、葡萄糖等。分子量若是增加三十萬、五十萬、六十萬就會變成我們知道的砂糖、澱粉質、卡路里來源的糖類，他們的性質完全不相同，形成滑溜狀的物質遍布人體之中，進行重要的功能。它們存在於包圍全身細胞的結合組織之中，保持皮膚光滑柔嫩，調節水分，並可以幫助新陳代謝。

特別值得一提的是：多糖體的保濕性很高，譬如：透明質酸這種糖類可以保有七千倍的水分，使體內水分具有黏性，防止水分蒸發，滋潤皮膚。若是體內的關節乾燥粗糙，我們便會不良於行。人類膝蓋的關節摩擦係數幾乎等於零，給予關節潤滑的物質就是多糖體。

舉個相近的例子：我們的眼淚，淚水如果和自來水一樣，即使眨眼次數增為平常的一百倍，眼睛還是會立刻乾澀。

標準成分（100g中） ＼ 食品名稱		褐				藻				
		麻昆布	三石昆布	里西里昆布	切絲海帶	裙帶菜	羊栖菜	黑海帶	海蘊	松藻
損耗率 g		0	0	0	0	0	0	0	0	0
卡路里 g		—	—	—	—	—	—	—	—	—
水 分 g		14.7	18.0	18.1	28.5	16.0	16.8	19.3	73.9	13.1
蛋白質 g		7.3	6.7	6.9	5.2	12.7	5.6	7.5	0.7	19.4
脂 肪 g		1.1	1.6	1.7	0.7	1.5	0.8	0.1	0.4	4.4
炭水化合物	糖類 g	51.9	49.1	46.9	40.3	47.8	29.8	50.8	0.6	40.3
	纖維 g	3.0	5.4	4.7	9.5	3.6	13.0	9.8	—	5.5
不燃性礦物質 g		22.0	19.2	21.7	15.8	18.4	34.0	12.5	24.4	17.5
礦物質	鈣 mg	800	850	750	740	1,300	1,400	1,170	190	890
	鈉 mg	2,500	—	—	1,900	2,500	—	—	—	—
	磷 mg	150	180	170	150	260	56	150	44	550
	鐵 mg	—	10	10	5	13	29	12	4	10
維他命	A效力I.U.	430	360	320	10	140	150	50	30	60
	B_1 mg	0.08	0.02	0.06	0.04	0.11	0.01	0.02	0.04	—
	B_2 mg	0.32	0.20	0.09	0.14	0.14	0.20	0.20	0.04	—
	煙 酸	1.8	2.0	2.0	—	10.0	4.0	2.6	2.0	3.3
	C mg	11	—	15	0	15	0	0	0	0

主要的海藻類 100 公克內含之標準成分（100g中）

食品名稱 / 標準成分（100g中）		紅藻			綠藻
		晒乾海苔（中級）	醃海帶	髮菜	綠海苔
損耗率 g		0	0	0	0
卡路里 g		—	—	—	—
水分 g		11.1	69.3	83.5	3.7
蛋白質 g		34.2	4.7	2.3	20.7
脂肪 g		0.7	0.5	0.2	0.3
炭水化合物	糖類 g	40.5	12.4	11.0	61.5
	纖維 g	4.8	0.3	0.5	7.2
不燃性礦物質 g		8.7	12.8	2.5	6.6
礦物質	鈣 mg	470	220	510	600
	鈉 mg	—	3,900	—	—
	磷 mg	380	110	12	220
	鐵 mg	23	12	56	106
維他命	A效力I.U.	10,000	10	260	960
	B_1 mg	0.21	0.07	0	0.06
	B_2 mg	1.00	0.16	0.03	0.30
	煙酸	3.0	1.0	0.5	8.0
	C mg	20	0	0	10

多糖體的另一個特性即是化學安定性高。砂糖是不會腐敗的物質。若是比較小麥粉和澱粉，澱粉的保存期間比較短，而小麥粉則可以保存一～二個月才會腐敗變質。這是因為小麥粉中含有蛋白質、脂肪的緣故。以往化粧品內的油脂都是利用多糖體所含的水分轉換蛋白質得來的。

總而言之，「海藻精」化粧品是利用海藻抽取出的多糖體製成的，它的科學安定性高，不僅不會刺激皮膚，還兼具潤滑保濕的作用。

⑵「海藻精」的另一個成分是自然岩微細粉末（麥飯石、高嶺土）。它是火成岩的一種，主要成分是珪酸鋁，並含有多種的礦物質。其特徵是擁有三次元的架橋構造的多孔質，殺菌力和離子活性強，自古以來即被視為珍貴的漢方藥。

⑶海藻膠是水溶性的物質，麥飯石是屬於不溶性的微細粉末，二者混合之後就會成為乳霜狀的膠質物體，即是完全不含油脂的「海藻精」化粧品。

(a)由於具有多孔質，使「海藻精」有超強的吸力，可以吸收和分解污垢及細菌。

(b)「海藻精」有調整水分、中性化的功能，其最大的特性是離子反應。

(c)「海藻精」溶於水中會分解出大量的礦物質，這乃是因為「海藻精」的主要成分鎂、鈣、鈉、鉀等物質離子化的緣故。再加上海藻所含的高分子多糖類的離子反應，就能夠刺激皮膚，使皮膚更有生氣。

(d)「海藻精」所含的自然岩微細粉末不但具有活性離子的功能，同時還可以形成固體膠質被膜，猶如滾珠軸承一樣。在我們按摩的時候，離子的電力能源就會增加，與海藻的界面活性相結合，輕輕地刺激皮膚，除去老舊廢物，促進細胞的新陳代謝。

(6)「海藻精」是肌膚的良藥

「海藻精」化粧品具有保濕的效果，而且不會蒸發，即使受到高溫照射也不會變質。

那麼，「海藻精」到底會不會氧化呢？

歐美有一句諺語：「在宴會快要結束的時候，千萬別貪吃，伸手抓炸薯條。」這句話的意思是：「盤中的炸薯條幾個小時以內就會氧化，容易引起食物中毒。」有警惕人們的意味。

的確，食用油的氧化便是造成食物中毒的原因。曾經有油炸的速食拉麵擺久了引起食物中毒的例子，在當時造成很大的震撼。後來，不油炸製成的拉麵和使用維他命E等天然氧化防止劑之後，這個問題便迎刃而解了。食用油和空氣接觸會氧化變質引發食物中毒，真是相當恐怖的事。

所謂「氧化」即是油脂內的分子和空氣中的氧氣互相結合造成的現象。「海藻精」化粧品是由「海藻精」和「自然岩微細粉末」組成，是完全不含有油脂的混合膠狀物質，可以安心使用。

其他的化粧品塗在臉上超過二個小時的話，便會因為氧化而變質，「海藻精」化粧品並不會產生氧化物，所以不會對皮膚造成傷害。

現在我們可以明白：「海藻精」化粧品是既可以保濕又不易氧化的化粧品了。由於其具有保濕作用，即使只塗抹一點點也沒關係。也由於它不會氧化，就算塗抹在臉上也不會傷害肌膚。漸漸地，表皮細胞便會加速繁殖，皮膚也會更有彈性，變得更年輕了。而且，皺紋也不見了。

這麼說來，「海藻精」化粧品似乎是沒有缺點了，一定會有人懷疑的表示：「既然『海藻精』化粧品如此安全，不會產生副作用，效果一定不好吧！」

的確，我們一般人都會認為：「藥效和副作用是相對的，沒有副作用的藥一定無效。」現代醫學也斷言：「無副作用而有療效的藥是不可能存在的。」

但是，我們應該有「艮藥」的觀念。所謂艮藥就完全沒有副作用，可以每日服用，進而使病體和虛弱的體質增強抵抗力的藥物。總而言之，不僅可以對症下藥，還能夠治癒所有的症狀。

這就叫做「神奇萬用藥品」。

若是把「海藻精」化粧品比喻為藥，這種良藥就相當於神奇萬用藥品，比其他的化粧品都要好用。

第四章 「海藻精」使肌膚光滑有彈性

(1)「海藻精」可治癒日晒後的皮膚及雀斑的理由

皮膚受到日晒會使膚色變黑，同時肌膚也會緊繃。會造成這種現象和新陳代謝有著極密切的關係。因此，想要使日晒後的肌膚復原就必須先使新陳代謝正常進行。如果只是靠含有維他命C的漂膚面膜和塗抹美白面霜，是無法使肌膚恢復原來的模樣的。

首先，我們要先知道皮膚為什麼會被晒黑？

皮膚內含有美拉寧色素是衆所皆知的，根據人種的不同，美拉寧色素的含量也各不相同。黑人較多，白人較少，日本人等亞洲系統則界於二者之間。

那麼，為什麼會產生美拉寧色素呢？

那是因為人體受到有害的日光等紫外線照射的緣故。皮膚內美拉寧色素較少的白人，其皮膚癌的罹患率是日本人的五百倍，就是由於白色的皮膚沒有辦法抵擋太陽的光線之故。

雖然說美拉寧色素可以防止太陽光的照射，可是如果含量太多還是容易產生雀斑和引起其他的皮膚病變。

所以，日本人等黃種人的膚色才是最理想的膚色。

美拉寧色素是在皮膚的基底層產生的。在細胞分裂製造新細胞的同時，專門製造美拉寧色素的細胞也在進行細胞分裂。這些細胞叫做「美拉賽特」。美拉賽特即是製造可以預防太陽光照射的美拉寧色素的工廠。

當我們的皮膚暴露於夏日陽光之下，紫外線就會趁機侵入。此時，美拉寧色素便會在角質層不停地進行搬運工作，這種搬運工作亦就是所謂的新陳代謝。

如果新陳代謝失調的話，美拉寧色素就會不足，直接暴晒於陽光下，皮膚就會開始發癢覺得刺痛。因為此時的表皮沒有辦法抵抗紫外線入侵，我們必須立刻採取防衛措施才行。

您千萬不要以為：「塗抹防晒面霜就可以避免紫外線的傷害了。」防晒面霜是可以抵擋紫外線，並不能夠防止皮膚晒黑，而且有效時間只有二個小時左右。

若要使自己的肌膚呈現出健康的小麥色，更安全有效的方法就是給予表皮的皮脂膜塗抹充足的「海藻精」。因為皮脂分泌充足的話，美拉寧色素吸收光線的能力也相對提高。

例如：在海邊紫外線的數值為一百，只要有一單位的美拉寧色素就可以吸收一單位的紫外線，如果您的皮膚內含有一百個單位的美拉寧色素，就能夠阻擋紫外線。但是倘若您皮膚內的美拉寧色素是以〇・五為一個單位，要對抗數值一百的紫外線就必須要有二百個單位的美拉寧色素。美拉寧色素的數量愈多，就愈容易晒黑。

因此，為了減少紫外線引起的皮膚病變，就要以「海藻精」來滋潤皮脂膜，使角質層獲取足夠的脂肪。以期能夠早日回復皙白的肌膚。

不過，脂肪不見得就對皮膚有益。因為脂肪中的某種成分受到陽光照射會氧化，反而會刺激皮膚產生雀斑。而不會氧化的「海藻精」面霜則無以上的煩惱。

不論是黑斑或是雀斑，都是令女性感到相當厭惡的東西，而它們卻都是美拉寧色素造成的。

雀斑絕對不是一種病症。就生理上來說，日本女性的肌膚容易使美拉寧色素沈澱，也比較容易長出雀斑。可是大部分是由於後天環境的影響：紫外線、斑疹、蚊蟲咬傷的刺激使得美拉寧色素增加。

因為臉上的雀斑很醒目，任誰都想早點使它們消失。於是很久以前就有人製造消除雀斑的藥物。鉍和氨基氯化水銀混合而成的化粧品便是其中的一種。這種化粧品可以使皮膚變白

海藻精

，卻會破壞製造美拉寧色素的工廠美拉賽特的功能，還會引起水銀皮膚炎。現在，這種化粧品已經被禁止販賣了。

直到現在，還沒有化粧品及藥物能夠取代它而不產生副作用的。我敢斷言：只要您有耐心地使用既具化粧品性質又有保濕因子、無副作用的「海藻精」、一定能夠除去臉上的雀斑。

⑵「海藻精」使有雀斑的肌膚回復光滑與彈性

仔細觀察我們的臉，會發現有的人臉上並沒有髒東西卻是某一部分黑、某一部分白，而且還有斑點，其實，只要我們經常觀察自己的臉，就會感覺出膚色的差異。

那並不是因為雀斑和日晒的關係，而是由於皮膚每一部分的美拉賽特的數量不同，其活動量也不同的緣故。

肌膚較黑的部分是由於那兒的美拉賽特活動頻繁造成的。

就理論上而言，若是各部位的膚色都相同的話，美拉賽特所製造的色素含量就必須平均。這實在是過於困難的事。

如果使用漂膚面霜是可以控制美拉寧色素的形成，但是卻必須擔心會有副作用產生。因此，最安全的方法就是要使基底層的全體細胞正常化。

「海藻精」有助於基底層細胞的運作。

而且，「海藻精」可以改善角質層的皮脂膜，間接地強化基底層的功能。

倘若您很心急，不想考慮長久治療的方法，「海藻精」便是您恢復美麗肌膚的最佳選擇。

如果我們因為皮膚失去彈性而去請教皮膚科醫生，醫生一定會建議我們要多食用含有維他命C的食物。的確，維他命C是保持肌膚彈性的膠原所必須的物質。如同維他命C可以治療日曬後的肌膚是一樣的道理。

但是，想要永保肌膚年輕又有彈性，光靠維他命C是不夠的。皮脂膜也必須獲得充分的滋潤。亦即是使用「海藻精」來提高皮膚的保濕力和彈性才行。

為皮膚表面的色澤及柔嫩而煩惱的人，就是由於皮脂分泌不足。

皮脂腺分泌不足，角質層就會變硬，皮膚也會顯得緊繃。讓我們試著把昆蟲、爬蟲類、或者是人類的指甲比喻為表皮。雖然它們都是不會蒸發水分的良好表皮，可是卻過於堅硬而缺乏柔軟度。如果人類的皮膚完全都是由這麼硬質的東西構成，所有的動作就會和由機械操作的機器人一樣了。

要使皮膚保持光滑亮麗，必須仰賴甘油和蠟酯。

市面上所販賣的冷霜之中，有許多是含有甘油和蠟酯的，擦了之後皮膚會變得光滑有彈性，受到很多人的喜愛。

但是，保持皮膚光滑的甘油和蠟酯只要皮脂腺分泌正常便能夠供應足夠的量，除非是分泌不足，否則沒有必要塗在臉上。如此一來反而會使皮脂腺分泌量降低，形成不塗抹更多的蠟脂便不能維持皮膚的光滑的惡性循環。

(3)「海藻精」可以改善皮脂腺

每天洗過臉以後，我們都會認為皮膚乾淨了，可是詳細檢查的話，一百個人之中有九十五個人皮膚的毛細孔仍有污垢殘留。

也有美容專家表示：「所謂化粧，除了洗臉還是洗臉。」就是這個道理。

若是問女性洗臉的方法，她們一定都能說得很清楚，可是一提起毛細孔深處的洗法恐怕就很少人知道了。

我們每天早晚仔細地刷牙還是會有食物殘渣留在牙縫中，這些殘渣我們無法自己清除，所以要定期請牙醫師為我們洗牙，除去牙結石。

毛細孔深處的污垢也是一樣的。角質增多便會使毛細孔堵塞，內部殘留污垢。平常洗臉是沒有辦法洗乾淨的。

要洗淨毛細孔深處的污垢就叫做「深處洗臉」。

只要到美容沙龍花一小時的時間就可以把每個毛孔的污垢清除，但是費用相當高。如果使用「海藻精」，即使是平常洗臉也可以把毛孔內部的污垢清除乾淨。

「海藻精」能夠使毛細孔附近的肌膚變軟，就連附著在深處的頑固污垢也能夠使其軟化易於沖洗。

總而言之，「海藻精」可以改善皮脂膜的分泌。

在第三章的第四節當中我們曾經提過：皮脂是由毛細孔中的皮脂腺分泌的，而海藻精可以深入毛細孔，溶入皮脂之中，使皮脂分泌正常化。

那麼，究竟是什麼原因會造成這樣的結果呢？

其實，皮脂腺的細胞是絕少改變的「全分泌腺」。

在分泌胃液的時候，胃的細胞就會產生胃液，也就是說細胞分泌的是液體。分泌這個動作和分泌液是不同的兩回事，所謂全分泌腺的分泌液，就分泌而言是排出物，對我們的身體而言卻轉變為有用的脂肪。

所以，「海藻精可以深入毛孔溶入皮脂」的意思，便是海藻精可以與皮脂腺相溶合。

更簡單的說，就是海藻精可以被皮脂腺吸收。

苦於臉部長青春痘的男性接受了我的勸告使用海藻精面霜。一個月之後臉上的油脂減少了許多，還笑著告訴我：「我覺得我的臉變得光滑、清爽多了。」

這就是「海藻精」使皮脂的黏性降低的證明。

皮脂腺的細胞大約七～八日就會轉變為脂肪，進行新舊交替。若是我們不斷地補充「海藻精」，便可以取代皮脂腺的細胞，使皮脂腺的分泌更加正常。

(4)女性的肌膚皮脂分泌少、酸度低

從皮脂腺分泌的皮脂，由於男女有別而有很大的差異。

男性荷爾蒙可以使皮脂分泌量增加，因此男性的皮脂量較女性來得多。女性皮脂分泌量大概不到男性的百分之七十，而且就生理方面來說，女性的皮脂量也比較少。

請參照一〇三頁的圖表，女性的皮脂量是男性的三分之二，超過五十歲以後就減為一半了。

另外，因為皮脂含量少，女性皮膚的酸性度PH質就比男性還要高。

其實皮膚表面還是保持弱酸性比較好，這樣可以防止細菌繁殖，保持肌膚的清潔。

PH代表中性，數值較小時就呈酸性，數值較大的就呈鹼性，這是大家都知道的。

肌膚表面的PH值，也就是皮脂膜的PH值是介於四～七之間為最好，實際測量的報告則顯示多在四・二～五・六之間。只要皮脂腺進行分泌，我們的PH值就會正常。

但是，女性比起男性的PH值平均還要高零點五，也就是說酸度比較低。

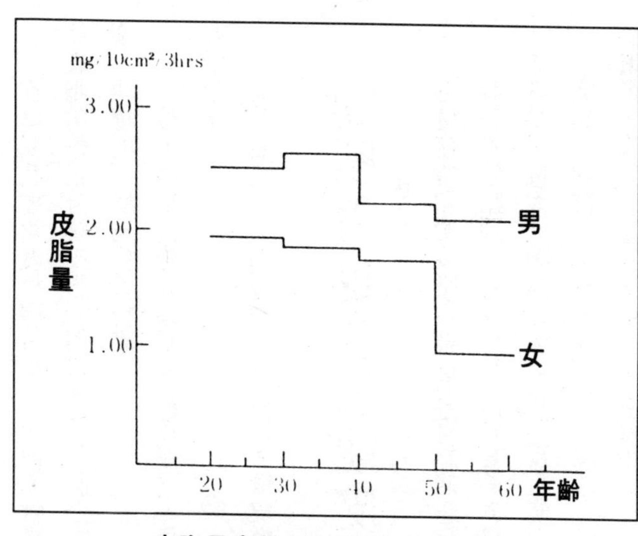

皮脂量與性別年齡的關係圖表

成年女性的ＰＨ值和小孩子的ＰＨ值幾乎相同，這就是為什麼女性的皮脂分泌會被認為比男性低的緣故了。

皮脂的分泌依據食物的不同也會有所改變。

因為皮脂以吸收來的糖類和脂肪為原料，製造並供給養分，所以為了減肥不吃甜食與肉類，只吃青菜水果的人，其皮膚一定是粗糙不堪的。

還有，女性特有的生理現象也會使皮脂量改變。月經周期的前半期減少，黃體期增加，月經前再減少。

由於有此微妙的變動，女性可以充分掌握自己的月經周期，有助於創造美麗肌膚。

在這兒我要再度提醒各位注意前面曾經說過的副腎皮質荷爾蒙。因為副腎皮質荷爾蒙會使皮脂腺停止分泌皮脂，所以儘管市面上販賣治療皮膚用的軟膏強調可以使皮膚變得更加光滑，也絕對不能夠代替粉底。

另外，如果長時間暴露於紫外線下，會使毛細孔阻塞，皮脂分泌降低，角質層的痂皮也會受損。

此時若是有「海藻精」就可以治療皮膚了。

⑸壓力也會加速皮脂腺分泌

過度疲勞和遭受壓力會使肌膚急速惡化。

我們常常聽到：一位母親由於愛子車禍死亡，悲慟得身形消瘦，皮膚也失去彈性和光澤。或者是一位太太因為照顧生病的親人使臉上的黑斑和皺紋增多的事。

突然受到打擊，我們就會失去定性，變得焦躁、鬱悶，自律神經功能衰退，皮脂腺的分泌增多，容易引起皮膚粗糙、雀斑、皺紋等。

要消除壓力、改變心情就必發掘的自己的興趣為何，在閒暇的時候使自己投入其中。千萬不可以逃避現實，雖然可以暫時拋開煩惱，自身的壓力卻會不斷地累積，導致肌肉緊張、自律神經失調，血液循環不良。做些簡單的柔軟體操，或是泡個熱水澡均可以減輕壓力，促使血液循環。

只要壓力減低，恢復美麗肌膚只是時間的問題。

總之，皮脂腺的分泌是受到許多因素影響的。

一天之中，皮脂腺分泌最旺盛的時候是接近中午之時。

但是，皮脂是不可能一直不停地分泌。在皮膚表面有充足的皮脂的話，自然就會抑制分泌量。如果皮脂不足的話才會加速分泌。

皮脂膜在角質層產生的時候，由於皮脂腺承受了來自上方的壓力才會使得分泌量變少。

若是以藥品強行除去皮脂膜，反而會使皮脂膜在二～三小時之內急速分泌，形成更厚的皮脂膜。這就叫做「皮脂回復」。

雖然洗臉會將皮脂膜洗掉，它還是會自動復原就是「皮脂回復」的原理。

不過，皮脂的回復不見得是順利的。

我們知道皮脂是由甘油三酸酯、角鯊烯、蠟脂構成的，如果其中的蠟脂增多，皮脂會變得黏稠不易流動，如果甘油三酸脂和角鯊烯增多的話，皮脂的分泌才會比較順暢。

於是我們可以知道：皮脂黏性升高、皮脂分泌減少的人，只要使用「海藻精」化粧品就可以降低皮脂的黏性，促進皮脂的分泌了。

因為「海藻精」是使皮脂分泌暢通的誘因。

液狀的角鯊烯吸收了氧氣之後，就會像亞麻仁油一樣地快速流動。「海藻精」也具有同樣的功能。

即使是皮脂成分正常的人，在寒冷的冬天皮脂的黏性也可能會變強，結成塊狀不再分泌皮脂。

這就是皮膚乾燥、皮脂缺乏症、冬天搔癢症等現象的原因。此時還是需要「海藻精」來補充皮脂的。

⑹保養肌膚是為了輕鬆化粧

在享受化粧的樂趣之前，必須先了解為什麼一定要有美麗的肌膚。如何回復並保有美麗的肌膚，前面已經談了很多，現在我就簡單的歸納一下：

⑴健康的身體要靠自己：

皮膚是細胞的集合體，尤其在夜間活動的白血球細胞更是身體內部創造美麗肌膚的第一要件。若是沒有白血球細胞就算使用再昂貴的化粧品也沒有效的。反而是肌膚變粗糙才想要恢復美麗肌膚已經太遲了。

⑵消除壓力：

只要我們有煩惱就會立刻反應在皮膚上。如果精神安定，全身的荷爾蒙分泌就會達到平衡，血液循環也會轉好，也能夠獲得充分的營養。這和皮膚細胞本身具有的治癒能力是完全不同的。因此，心情安定再加上適當的運動，日常生活帶來的壓力就會逐漸消解。

⑶充分洗臉也是好的：

化粧品對皮膚來說算是異物，不好的東西。所以若是卸粧不夠徹底，反而繼續塗抹化粧品簡直就是惡上加惡，白血球的功能、體內的養分輸送、皮膚細胞都會受到破壞，造成肌膚粗糙。是故仔細地洗淨我們的臉也是很重要的。

(4)「海藻精」可使肌膚光滑又有彈性：

知曉了皮膚的正確構造及前述的三點之後，接著就要借助「海藻精」的神奇力量了。

(5)學習正確的化粧方法：

既然明白化粧品的缺點，我們就應該採用正確的化粧方法來保護肌膚。總之人類的皮膚能夠抵擋異物以維持體內各種機能的運作，要說皮膚是人體的守護神，神祕的保護膜真是一點也不為過。外來的異物之中，受害於化粧品的人就有很多，因此，恢復美麗肌膚的夢想一定要堅持下去，決不輕言放棄。

還有，千萬別被化粧品公司的強勢宣傳及美容專櫃小姐的花言巧語所迷惑，相信皮膚的自然結構才能確保您美麗的肌膚。

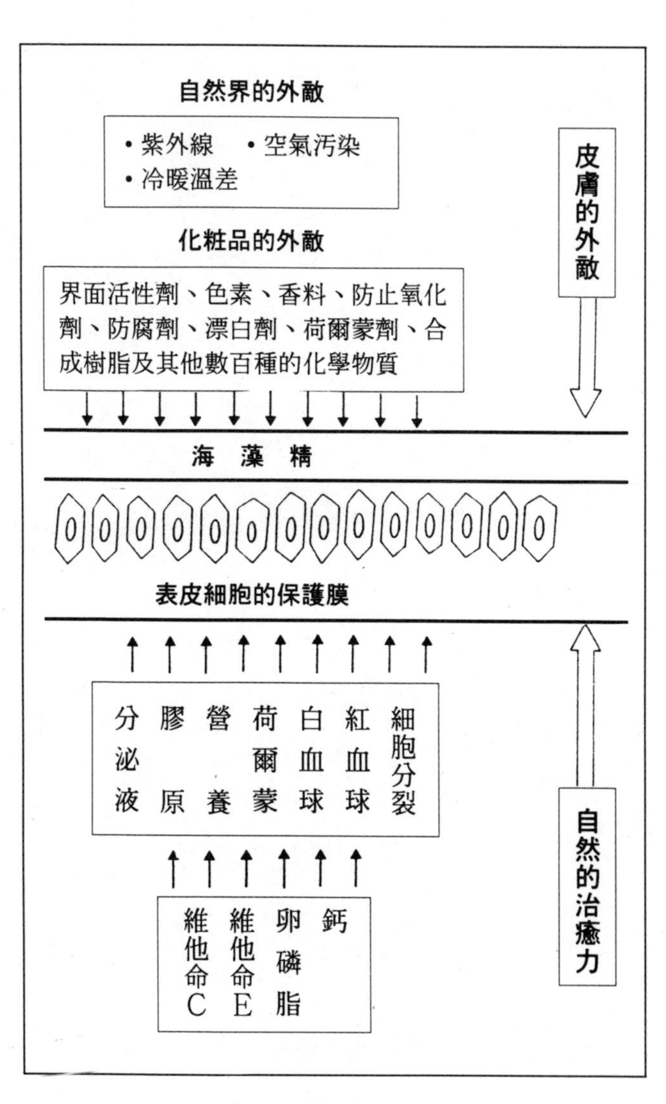
自然界的外敵
・紫外線 ・空氣污染
・冷暖溫差
化粧品的外敵
界面活性劑、色素、香料、防止氧化劑、防腐劑、漂白劑、荷爾蒙劑、合成樹脂及其他數百種的化學物質
皮膚的外敵
海 藻 精
表皮細胞的保護膜
分泌液
膠原
營養
荷爾蒙
白血球
紅血球
細胞分裂
維他命C
維他命E
卵磷脂
鈣
自然的治癒力

海藻精的效果

第五章

洗臉才是美麗肌膚的基本方法

⑴儘量少用化粧品

創造美麗肌膚的最重要課題便是洗臉和保濕。也就是要洗淨肌膚的污垢、給肌膚潤澤，「海藻精」正具備這兩項特點，並且能將功效發揮到百分之百。

因此最好是少用化粧品。

⑴**洗臉用品**——重複清洗臉部才會乾淨，所以最好準備能夠清除化粧品油脂的清潔劑和能夠洗淨污垢的洗面皂。

⑵**保濕**——可以供給角質水分的化粧品和含有保濕成分可以從外部給予角質補充水分的美容液是必備的。

⑶**油脂**——是乾燥的皮膚所必須的，因此依據季節和乾燥程度的不同，也要準備不同的乳液。

除此之外，我要特別勸告還在使用脫皮的潤膚膏及加入清潔劑的化粧品的人，趕快停止吧！

還有，我們使用的化粧品和肌膚的美醜有密切的關係，選擇時一定要慎重。

(1)洗面乳——若是不化粧的人只要用洗面皂洗臉就可以了。但是化粧的人就一定要重複洗臉。所謂重複洗臉並不是指洗二次，而是要仔細地把各部位洗乾淨。

(a)洗臉用的清潔劑是為了洗淨化粧品內的油脂，因此加入一點油分也無妨。不過清潔油會殘留油脂，最好不要使用。擦拭類的化粧品在用面紙擦拭臉部時容易傷害肌膚，所以儘可能還是用清洗的方式較好。如果您一定要使用擦拭類的化粧品，最好先將化粧棉、面紙浸濕再沾取此類化粧品才不會增加肌膚的負擔。

※（推薦品）——膠狀清潔劑。大部分的清潔劑都是擦拭類的較多，這種清潔劑可以用水洗淨而且不會傷害肌膚，是優良的洗面劑。其成分內含「海藻精」，保濕性高，可以保持肌膚的水分，軟化毛細孔附近的肌膚，使污垢不易殘留。

(b)洗面皂可以清除留在臉上的清潔劑和污垢。洗臉以後雖然不會緊繃但是也沒有光滑的感覺。所以洗臉時最好以雙手輕輕按摩。

市面上也有販賣乾燥皮膚用的洗面皂，洗臉後肌膚會感覺柔潤。因為大多數的人都討厭肌膚緊繃，商人便利用這一點來吸引消費者購買。其實這是錯誤的觀念，洗臉之後皮脂會脫落，皮膚稍有緊繃之感是很平常的。使用乾性洗面皂皮膚是會變柔潤，可是污垢還是沒有完全洗淨。皮脂若是堆積太久就如同氧化的油一樣會刺激皮膚，所以仍然要再仔細地把臉洗乾淨。

即是肌膚很乾燥，只要把污垢洗乾淨再補充一些水分就可以了。

※（**推薦品**）——泡沫洗面乳。它是以洗面皂和中性脂肪為基本原料再配上海藻精製成的，能夠徹底清除污垢。總之海藻精可以保持肌膚的水分，防止角質中的皮脂流失，使用以後肌膚會變得光滑柔嫩。

(2)化粧水——在我們洗去臉上污垢的同時，也把覆蓋於皮膚表面的皮脂膜一起洗掉了。也就是說肌膚好比卸下甲殼的烏龜毫無防備能力。如果就此放任不管水分會漸漸蒸發，容易產生細小皺紋。洗臉之後皮脂腺會分泌皮脂使肌膚回復原來的狀態。一般人依照季節的不同大約需要二～四個小時。

於是化粧水便成了幫助皮脂恢復的最佳工具。

化粧水大都是以水分為中心再添加保濕劑。油性肌膚用的又多加了濃碘溶液這種清爽的成分，乾燥肌膚用的則多添加了保濕劑。

透明質酸	為真皮的成分之一，是從磨碎的雞冠之中抽取出來的。一公克的透明質酸可以保有六公升的水分，確實保持肌膚濕潤。
生物透明質酸	內含生物體的透明質酸可經由生物工藝學的方法大量生產更便宜而且保濕力強的生物透明酸。
卵　磷　脂	存在於蛋黃和大豆之中，也是構成皮膚細胞的成分之一。可以使肌膚有彈性，保持肌膚的潤澤。
當　　歸	自古以來熬成湯汁飲用的中藥，對婦人病尤具療效。保濕作用特佳，塗在肌膚上可以避免皮膚粗糙。
西耶奇斯殘渣	由桑科植物的根部抽取出來的成分。除了可以抑制美拉寧色素還有消炎、保濕的效果，並可以避免紫外線的傷害。
膠　　原	構成真皮的成分之一。從小牛的真皮抽出精華精製而成。塗在表皮上不但可以提高角質層的保濕能力也具有保護作用。
彈性硬蛋白	和膠原一樣是構成皮膚真皮的纖維狀蛋白質。可製造保濕膜使肌膚柔軟光滑。
磷　脂　質	為細胞膜的主要成分，能夠抵擋異物入侵保護細胞。提高肌膚的親和性，有助於美容液的滲透，保濕效果良好。
海　藻　精	抽取海藻中的濕潤成分和礦物質製成。其成分和角質相同，可以使肌膚恢復原有機能。

保　濕　劑

因為化粧水是補充臉部水分必備的，您也許會想該選擇那一種才好呢？基本上是有油性和乾性兩大類，而鼻子和額頭四週是最容易出油的部分，所以應該不會有人全臉都很乾燥才對。肌膚稍微乾燥的人只要使用一般性化粧水，在乾燥部位塗抹美容液和乳液來補充水分就可以了。

總歸一句話：儘量使油分減少才是最重要的。

⑶美容液——由於皮膚的角質含有天然的保濕劑，美容液可以從外部給予補充，確保肌膚的水分。

保濕劑的種類很多，有的是透明質酸也有的是利用生物工藝學中的微生物製造的。但是，美容液並沒有特別指定成分。譬如下頁的表：即使是同樣的保濕劑效果也不盡相同，可是它們都具備保持水分的能力，如此皮膚才能保持濕潤。

當中油脂含量百分之百的也叫做美容液。

其實它們並不是保濕劑而是強力油脂，兩者的用途是完全不同的。所以在購買美容液的時候一定要弄清楚它的成分為何。

⑷乳液——水分和油脂混合而成的乳液，依據油脂的含量多寡分為清爽型、滋潤型多種。

老實說，油脂的效果比化粧水好多了。二十幾歲的人洗臉之後皮脂會再度分泌，如果抹上乳液油脂就會過多。至於二十歲到三十歲前半的人只要用美容液來保養肌膚就足夠了。但是，塗抹太多的乳液肌膚反而會顯得油膩，所以只需在乾燥的部分塗抹乳液即可。

(5)**按摩劑**——我們每天可以利用美容液來輕輕按摩臉部。每週一次以清爽的乳液仔細地按摩臉部更好。若是使用油性乳液或面霜會使油脂殘留並且堆積於皮膚表面，還得再用洗面皂洗淨臉部，徒增麻煩。

(2)難以發覺的美膚方法

我們購買化粧品之前首先要了解下列五項美容洗臉的要點。

(1)保持皮膚清潔。
(2)不要使皮膚受到刺激。
(3)肌膚每一部分的保養方法不同。
(4)防止紫外線（避免肌膚老化和產生皺紋）。

(5)乾性肌膚需要補充的是水分不是油脂。

許多人自以為很了解肌膚的保養方法，其實有很多人的觀念是錯誤的。唯有正確的方法才能創造出美麗的肌膚。所以，懂得每日洗臉及基礎保養品使用方法的要領，才能獲得良好的效果。接著就為各位介紹保養肌膚的三步驟，要仔細閱讀哦！

〈**步驟①**〉所謂清潔效果就是要把化粧品的油脂完全洗淨。

請各位千萬要記住的是：臉色如果變紅就不要再用手強行揉搓臉部。因為過度的揉搓容易產生雀斑和皺紋。使用足夠的清潔劑也是洗臉的一大要訣。（請參照下頁的圖）

首先把清潔劑倒在手中，輕輕點在額頭、兩頰、鼻頭、下巴等部位，再慢慢延伸到全臉。還有眼部四週、前額髮際、下巴尖端等部位也不要忘記。因為它們是最容易殘留化粧品油脂的部位。我們洗臉以後照鏡子會覺得眼睛四週好像也已經清洗乾淨了。其實最好還是用化粧棉再做一次清潔工作比較理想。

使用不易脫粧的眼影的人，只要用專門的卸粧水就可以清除乾淨。另外，使用清潔劑的時候，以指肉由臉部中心向外輕輕揉搓就可以了。

也許有人會說：「用清潔劑的時候也順便按摩臉部不是很好嗎？」請您絕對不要有這種

想法。清潔劑可以徹底清除肌膚的污垢，如果再加上按摩，只會使污垢再度沈積於肌膚之中。

＜步驟②＞正確執行洗臉的五個步驟定可以創造美麗肌膚。

(a)**準備動作**——首先用肥皂洗淨雙手，濕潤的雙手才容易使泡沫產生。

(b)**第一次清洗**——在夏天我們都會想用冷水來洗臉，可是冷水會使油脂不易脫落，反而是溫水比較有效。比體溫稍微低的溫水（三十度～三十五度左右）可說是最理想的溫度。也就是以手輕觸感覺微溫的水就行了。

首先用溫水和肥皂泡沫把臉上的灰塵及污垢洗乾淨。

(c)**第二次清洗**——以肥皂洗臉的時候，請注意要以肥皂泡沫洗臉。用雙手揉搓肥皂使指間產生泡沫。如果把肥皂直接抹在臉上是不可能產生泡沫的。美容護膚中心還使用刷子來加速泡沫的形成。

尤其是特別容易出油的T字部位更是要用指尖仔細清洗。鼻翼和鬢角也不要遺漏。

(d)**洗淨**——洗淨是創造美麗肌膚最重要的一點。

有的人只在前額髮際產生細小皺紋，她們一定覺得很不可思議。其實這是因為剛燙頭髮

——肌膚清潔法——

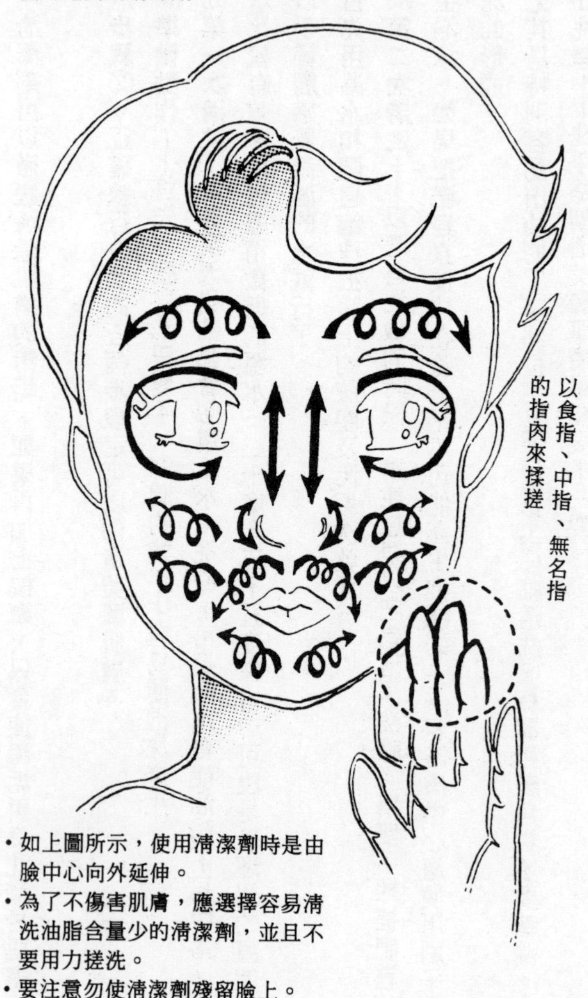

- 如上圖所示，使用清潔劑時是由臉中心向外延伸。
- 為了不傷害肌膚，應選擇容易清洗油脂含量少的清潔劑，並且不要用力搓洗。
- 要注意勿使清潔劑殘留臉上。

徹底洗淨使肌膚更美麗

——局部洗臉法——

八個步驟

①洗臉的要訣就是首先把肥皂浸濕再以刷子攪拌使泡沫能夠快速產生。

②第一個部位是額頭，由中央向外側螺旋狀清洗。

③眼睛四周也要輕輕揉搓。

④臉頰也是以螺旋狀方式清洗，不要忘了耳朵下面和鬢角的部位。

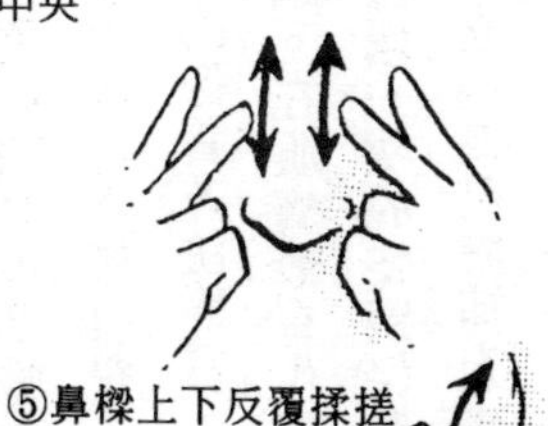

⑤鼻樑上下反覆揉搓

⑥以中指仔細清洗鼻翼。

⑦下巴附近也要仔細揉搓。

⑧別忘記嘴巴上方、鼻子下方的部位。

不想把頭髮弄濕，在清洗的時候忽略了髮際的毛髮才會使肥皂殘留產生小皺紋。

試著以雙手遮蓋臉部。您會發現：髮際、鼻翼及臉部其他無法被遮住的地方，亦即手指達以達到的地方，就是最容易殘留洗面皂的部位。洗臉以後，那些部位還必須特別清洗才可以。

(e)**冷水輕拍**——最後再以冷水輕輕拍打臉部，使肌膚的毛細孔緊縮，回復原來的狀態。

依序施行以上的五個步驟之後，再取一條柔軟的毛巾把臉上的水分吸乾。如果隨便拿一條毛巾用力摩擦臉部的話，那麽，剛才所花的力氣就全都白費了。

<步驟③>愉快進行肌膚保養——就肌膚的保養方法而言，早晚當然是不同的。皮膚的新陳代謝在晚上十點到午夜二點之間最為活躍。在肌膚最有生氣的時候進行美容保養有助於恢復美麗肌膚。除了夜間的基礎保養之外，每週一次的特別保養也不可缺少。

・每日的保養——重複洗淨臉部以後，要立刻為肌膚補充水分。嬰兒的皮膚能夠光滑柔嫩乃是因為水分充足的關係。所謂基礎保養就是給肌膚補充水分並保持濕潤。

(a)**化粧水**——使用足夠的化粧水是必要的。倒一～二茶匙含量的化粧水於化粧棉上，輕輕地拍打臉部給予肌膚補充水分即可。千萬不要用化粧棉用力擦拭臉部。

回復美麗肌膚
——1天1次30秒美容液按摩法——

・使用美容液的時候以中指、無名指的指肉按摩臉部可以促進血液循環、使肌膚更有生氣。如果也按摩鬢角、額頭上端、人中等部位效果會更好。

(b)美容液——美容液所補充的水分可以維持較長的時間，所以用量不需要太多，二、三滴就足夠了。

像前頁的圖一般，活用中指和無名指以螺旋狀的方向進行，即可在三十秒內完成簡易的美容按摩。

但是血液循環良好的時候只要稍稍按摩臉部表面就行了。臉色泛紅時就要增加按摩的次數，多刺激皮膚。

(c)乳液——平常的保養使用美容液便可以了。但是肌膚乾燥的部分還是要塗抹乳液。

・一週一次的特殊保養——每週一次，例如，星期五或星期六的夜晚，給肌膚特別的保養是必要的。所謂特殊保養就是要以肌膚的缺點為主，使用美容霜來按摩。

(a)蒸氣按摩——蒸氣按摩可以改善血液循環、促進新陳代謝使肌膚恢復生氣，是每週一次的肌膚活性劑。徹底洗淨臉部以後就可以做蒸氣按摩。把熱水加入蒸臉器中，臉部靠近機器以便吸收上昇的蒸氣，或是把蒸過的毛巾敷在臉上二～三分鐘也可以。

(b)美容局部刺激法——我們都會注意自己臉部的變化。譬如：眼角的細小皺紋、兩眼無神、下巴太翹等等。一旦發現有任何缺失都會想盡辦法改善，這就是局部刺激法。

——三種美膚技巧——

這三種方法可以逐漸改善膚質

(c)**冰敷**——想使發燙的肌膚降溫最好使用冰敷。以冰毛巾包住冰塊冰敷全臉，使皮膚毛細孔緊縮。

可能有人會問：「如此忽冷忽熱肌膚受得了嗎？」其實化學藥物的刺激才會傷害皮膚，適度的溫度刺激反而能夠給予肌膚活力。也就是說，遇熱血管會擴張，遇冷會收縮。這種冷熱的血管運動可以刺激自律神經，也會促使新陳代謝更加活躍。

(d)**美容液補充水分**——冰敷之後，就可以和平常一樣使用化粧水及美容液。為眼睛、嘴巴四週、兩頰等容易乾燥的部分補充水分吧！乾燥便是因為水分不足所致。

塗抹油性面霜雖然可使皮膚光滑，卻不能為肌膚補充水分。使用美容液的話，第二天早晨您將會發現肌膚光滑又有潤澤。這是由於美容液的保濕成分完全為角質吸收的緣故。

把沾取美容液的化粧棉敷在乾燥部位二～三分鐘即可。美容液的用量不需太多，只要能夠使化粧棉濕潤就行了。或者是化粧水配合二、三滴美容液使用，效果也很好。

一發現臉部乾燥就可以使用美容液來補充水分，一週幾次都沒有關係。

・**早晨的保養**——「乾燥的皮膚早上最好不要用肥皂洗……」、「化粧水可以清除污垢、腫疱也會消失……」有著上述想法的人五年之後一定會後悔。

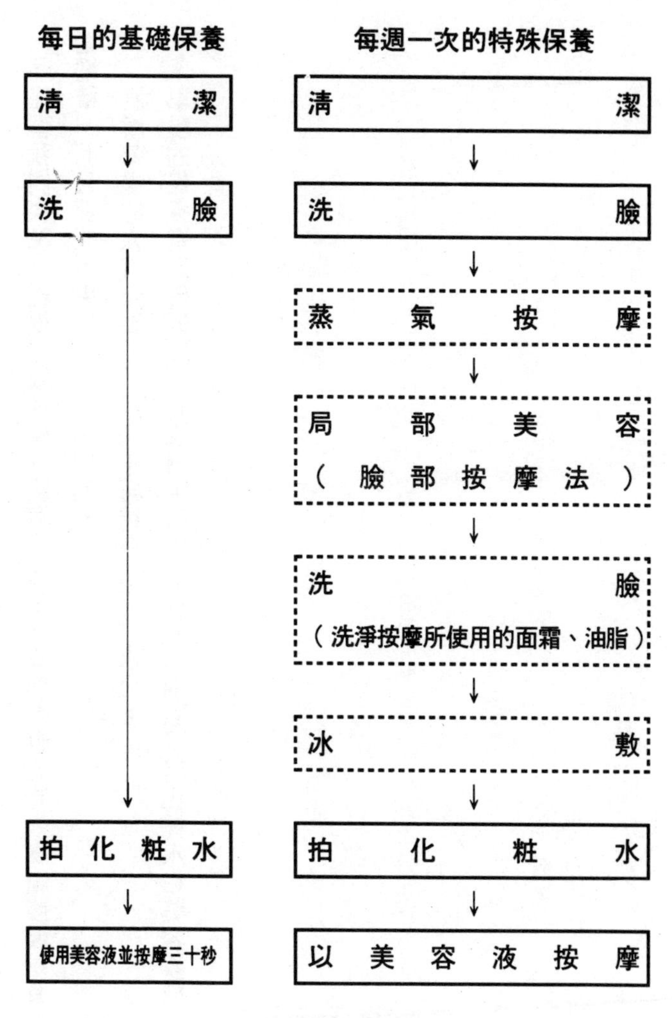
每日的基礎保養
清潔
洗臉
拍化粧水
使用美容液並按摩三十秒
每週一次的特殊保養
清潔
洗臉
蒸氣按摩
局部美容
（臉部按摩法）
洗臉
（洗淨按摩所使用的面霜、油脂）
冰敷
拍化粧水
以美容液按摩

洗臉的基本步驟

儘管我們夜晚已經很仔細地保養肌膚，可是在我們熟睡的時候皮脂膜還是會氧化導致污垢堆積。而且那些污垢用水是洗不掉的。

肌膚乾燥的人首先要把污垢洗淨再補充損耗的水分。

早晨的保養有助於恢復原有肌膚，所以洗臉之後別忘了用化粧水和美容液補充水分哦！

第六章
首先從健康的身體來美麗肌膚

(1)由遺傳基因來看您的皮膚

隨著現代醫學的進步，只要研讀「遺傳因子生命學」或「細胞生命學」就不難了解人體的構造（如次頁的圖）。

人體是由內臟、腦、骨骼、肌肉、皮膚等具有相同功能的六十兆個細胞結合組織而成的。

還有，各個器官都有助於生命的維繫、血管和血液、神經、淋巴球的細胞結合組織亦是相輔相成以維持生命。

因此，體內有毛病絕不是單一的病症，想要治療體內的疾病也並非一種藥就能夠使其痊癒的。我們之所以會有這種想法乃是由於藥品業者的宣傳造成的錯誤觀念。醫生開的藥也是多種配合成的就是這個緣故。

皮膚的健康也是同樣的道理。欲使臉部肌膚健康美麗首先就要確保「臉部細胞遺傳因子」的健康。所謂「臉即是細胞，細胞即是臉」就是這個意思。

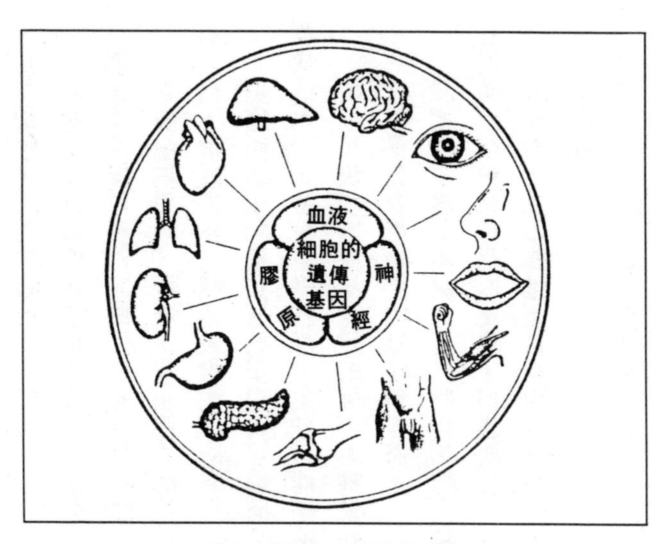

由內部來看人體的構造圖

在這兒我要告訴各位的是：肌膚細胞遺傳因子的養分並不是由皮膚吸收的。無論使用營養面霜或者是中藥製成的化粧品都不會有任何效果。

人類的生活空間是不斷在變化的。夏天溫度超過三十度我們就會覺得很熱，冬天氣溫也有降到零度以下的時候，風吹雨打、還有蜜蜂、蚊蟲、細菌的侵襲，更有化學藥品的傷害。在這種外在環境之下保護身體的只有我們的皮膚，所以為了應付這多變的環境，皮膚也有非常合適的構造。

我們都知道皮膚是由表皮、真皮、皮下組織構成的。和外界接觸的是表皮，其下分泌汗腺和皮脂的是真皮，再下去是具有毛根、知覺神經、脂肪組織的皮下組織。

起水泡後剝落的薄皮就是表皮的部分。最上層與空氣接觸的角質層是身體防衛的最前線，即使下層顆粒層的細胞死亡也會好幾枚如瓦片般的堆積起來。

角質層內毛孔、汗腺、皮脂腺的開孔使得皮脂腺分泌的皮脂可以適度地乳化、廣布於皮膚表面，形成天然的潤滑劑滋潤皮膚。

這層脂肪膜和角質層的蛋白質可以防止皮膚表面受到外來異物的侵襲。另外還可以保持皮膚的水分，避免肌膚乾燥。也就是能夠使肌膚獲得充分的滋潤。

所以，皮脂腺分泌充足的話，再刻意地塗抹面霜等潤膚化粧品就毫無意義了。

化粧最先會影響到的就是角質層。

我們的皮膚並不具有良好的自然防衛能力。因此，儘量不要讓外來物質入侵皮膚。我們在肌膚上塗抹化粧品原是為了保護肌膚，反而會使肌膚受到傷害。

表皮的下部不斷地進行細胞分裂，然後漸漸向上推擠，最後形成角質層。剩餘的殘渣就和污垢一起脫落。

表皮細胞的生命約有二十八天，可是每天都有新的表皮細胞產生。

(1)	(2)	(3)	(4)	(5)
化粧品的界面活性劑使毛孔張開。	化粧品內的防腐劑、漂白劑、香料、色素、顏料、防止氧化劑等也會使真皮層的毛孔擴張。	「海藻精」可以製造防止化粧品入侵的保護膜。	治療肌膚粗糙。	輕鬆化粧。
不含界面活性劑的化粧品幾乎沒有。	可以製造化粧品的化學合成物質有七千多種，而一種化粧品就用了二百～三百種的化學物質。	百分之百的天然海藻精和我們的體液同屬高分子糖類，能夠治療傷口，避免化粧品內的科學合成物質侵入體內。	沒有藥物或化粧品能使肌膚變美，只有靠細胞的營養均衡才行。所以纖維素、鈣質、維他命E、維他命C、卵磷質等天然養分是絕對必要的。	肌膚健康的，怎麼化粧都很安心。臉部、手部、毛髮、甚至全身請用海藻精來保養。

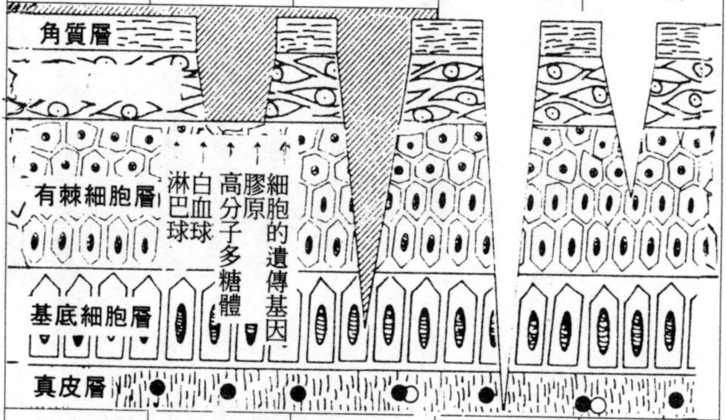

角質層
有棘細胞層
基底細胞層
真皮層
細胞的遺傳基因
膠原
高分子多糖體
白血球
淋巴球

海藻精的作用

角質層和其下的顆粒層（即所謂的保護膜）有抑止細菌和化學物質侵入的功能。但是化粧品中的界面活性劑能夠輕易地破壞這層保護膜，使色素和防腐劑等刺激物質滲入表皮到達基底細胞層和真皮層。

所以人類的皮膚基本上是弱酸性的，和皮膚PH值不同的物質就是皮膚的大敵。

所謂皮膚的PH值，正確說來應該是皮膚最上層的脂肪膜的PH值。

由於皮脂中含有脂肪酸而汗腺也會分泌乳酸，所以肌膚呈弱酸性，臉部的PH值大概是五•六左右。油性肌膚的人則酸性減弱，可是平常還是屬於弱酸性是為了保護皮膚，防止細菌滋生之故。

鹼性物質觸及皮膚之時，立刻就會產生中和的效應，所以PH值不同的物質最好不要接近肌膚。

大多數化粧品的PH值都不在正常皮膚的PH值範圍內。因此我們每天使用的化粧品就是破壞皮膚酸鹼值的禍源。

化粧品→油脂蛋白質	海藻精→碳水化合物
界面活性劑、防腐劑、氧化防腐劑、漂白劑、色素、顏料、香料、保濕劑、殺菌劑、增黏劑、紫外線吸收劑、荷爾蒙劑、合成樹脂等七千多種化學合成物質	高分子多糖類（海藻抽出的特殊精華）、自然岩微細粉末（麥飯石、高嶺土）、礦物質、維他命、葉綠素、鋁、鐵、鎂、鈣、磷、錳、硅、氯

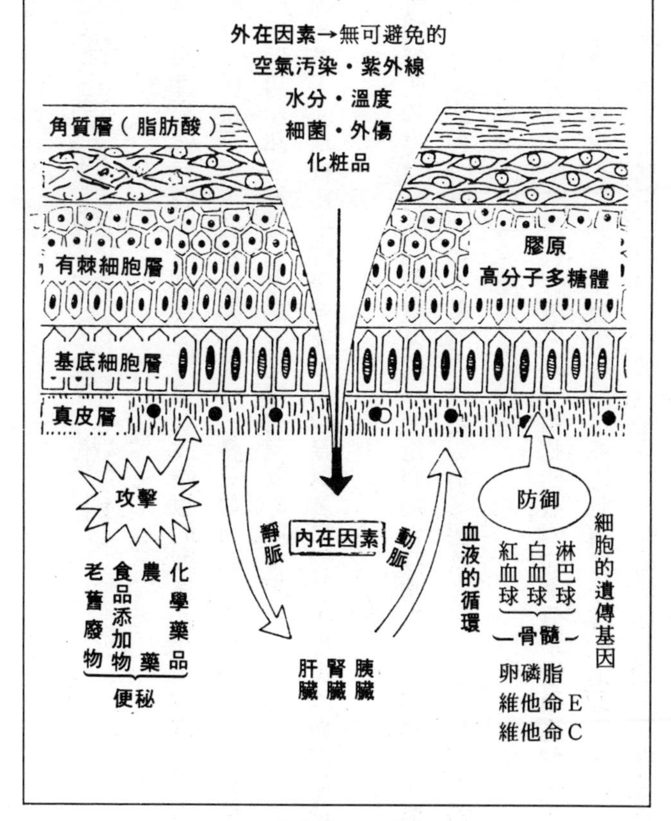

遺傳基因化粧法

⑵血液的營養有助於皮膚運作

只要是有關皮膚構造的書都會有表皮、真皮、汗腺、皮脂腺的圖表。可是卻沒有一本書說明它們是如何互相結合，保持平衡，血管是如何連接，養分如何輸送等與我們切身相關的問題。若是連最基本的生理活動都不知道，怎麼能夠擁有美麗的肌膚呢?

例如，前一頁的圖，最下面是有寫出動脈和靜脈，但是對於掌管肌膚生命的血液卻是隻字未提。

就常識而言，肌膚的每個器官均是細胞的結合體。而每個細胞核當中又有五萬～十萬個的「遺傳基因」，「RNA」是它的傳令兵，專門傳達指令給每個器官以便執行其獨特的功能。這麼一來才能避免外界的刺激，保持美麗動人的肌膚。

您或許認為：細胞和血管是緊密結合在一塊兒的，如此血液內的養分才能運送到細胞之中。其實這是錯誤的，就如同我們不了解為什麼化粧品會傷害肌膚是一樣的道理。

根據生物工藝學更進一步的研究指出：血管和細胞是完全分離毫無接點的。不僅是肌膚的細胞，全身的血管、血液和養分輸送的關係都要依賴別的組織來平均供給全身六十兆個細胞的營養。另外，細胞剩餘的老舊廢物亦是靠靜脈運送排泄的。

除了血液之外，保護細胞的「淋巴液」也是需要其他組織的幫助才能夠結合。這種在最近成為新話題的重要組織叫做「結合組織」。請參照附圖便可以明瞭。

結合組織才是化粧的基礎。現在我就來說明：人體必備的三大營養素再加上維他命、礦物質等五大營養素先是由動脈和淋巴管運送，從結合組織釋放出來，再經靜脈和淋巴管吸收、排泄。因此，不論是肌膚的美及身體的健康都要依靠結合組織的充分運作，人類才能夠繼續維持生命。

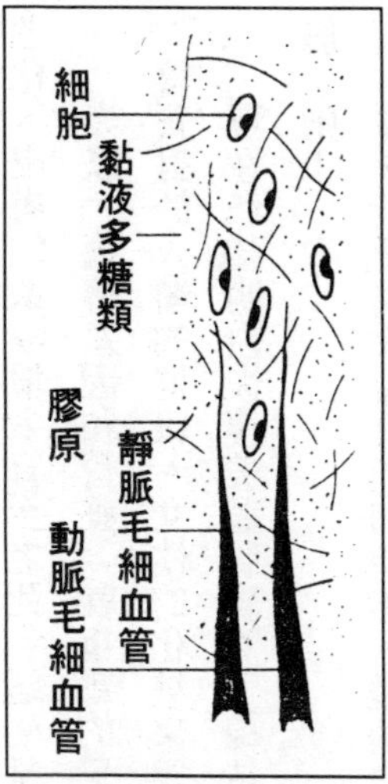

細胞
黏液多糖類
膠原
靜脈毛細血管
動脈毛細血管

結合組織圖

嬰兒和年輕人由於體內能夠不斷製造結合組織的中心物質「黏液多糖類」，使得肌膚的保濕性高、全身總是光滑柔嫩的。相對的，隨著年歲的增長，體內無法再製造黏液多糖類，結合組織也日趨凝固，不能再充分供給五大營養素給全身的細胞，於是會逐漸老化，皮膚的皺紋增多直至老死。這便是生命的過程。

光談「遺傳基因和營養」就複雜的足夠出一本書了。在這兒我要告訴各位一個新的觀念：營養對於人體的健康。女性的化粧來說都是相當重要的。

現在您該明白恢復美麗肌膚除了保持身體健康之外，基本上還是要靠血液運送養分給皮膚了吧！

接著我要為大家介紹卵磷脂、維他命E、維他命C、鈣質、纖維素等五大營養素（五大輔助酵素）令人驚異的美膚效果。

(3)維持細胞平衡的營養素——卵磷脂

若要說明遺傳基因的構造和功能，或者是線粒體、核糖體等細胞中各個器官的功能實在是相當困難的事。細胞的各器官是由薄膜構成的，許多化學元素便是經由這層薄膜進出，所以確保薄膜活性化就成為最重要的基礎健康法。

薄膜老化不能夠再吸收營養及排泄，器官就會死亡。

疾病、老化、死亡的開端就是由於細胞內的薄膜變質引起的。要防止薄膜變質就必須攝取卵磷脂。卵磷脂可以說是腦部的營養素。

可是卵磷脂到底是什麼東西?為什麼非食用不可?

現今著名的醫學專家會給您滿意的答覆。

▽**雷洛德・哥爾博士**——我奉勸全人類都要攝取卵磷脂，否則的話，你就是選擇了死亡。

▽**S・G・巴克娃娜妮博士**——由於醫學進步，新生兒的死亡原因大都可以解決，唯獨呼吸困難不能克服。卵磷脂親水性高，可以供給肺部水分。所以，卵磷脂含量少的時候，新生兒就會陷入危險狀態而且存活的機率很小。

▽**卡特・頓巴克斯博士**——對我們的身體而言，卵磷脂實在是不錯的營養補品，其效果是其他物質絕對辦不到的。

▽**緒方知三郎博士**——食用卵磷脂會加速唾液分泌。除了因為卵磷脂中含有荷爾蒙之外，卵磷脂還能夠使腺組織的細胞活性化，促使唾液腺分泌荷爾蒙對間葉組織產生作用，幫助肌膚恢復年輕。

▽**非力博士**——存在於神經系統和內分泌腺的細胞構造之中的卵磷脂，是動力的泉源，攝取愈多的卵磷脂，體內的活力就會大增。

▽**黛比女士**——肝臟也能夠製造卵磷脂，不過分量不足，所以必須從體外攝取。被食用的卵磷脂和膽囊中的膽汁混合之後便會進入小腸幫助脂肪的消化。

於是我們可以知道卵磷脂是本世紀最優良的健康食品，不論大人、小孩，男或女、老或少，每人每天都可以食用。因為卵磷脂過去一直就被認為是健康食品，不是嗎？

現在就讓我們來看看卵磷脂有何優點。

⑴細胞和卵磷脂一體同心——細胞內部的原形質是柔軟的半流體物質，以水和蛋白質為主要成分，另外含有脂肪、糖類（碳水化合物）、無機鹽類（礦物質）等等。

這些物質均呈膠質狀態存在，進行著物質交替作用。物質交替又可分為同化作用和異化作用二種。

所謂同化作用便是以吃入的食物為原料轉變為體內的能量儲存。為提供生命的活動而釋放出能量即為異化作用。

體內的同化作用和異化作用均衡進行時便可維持健康。

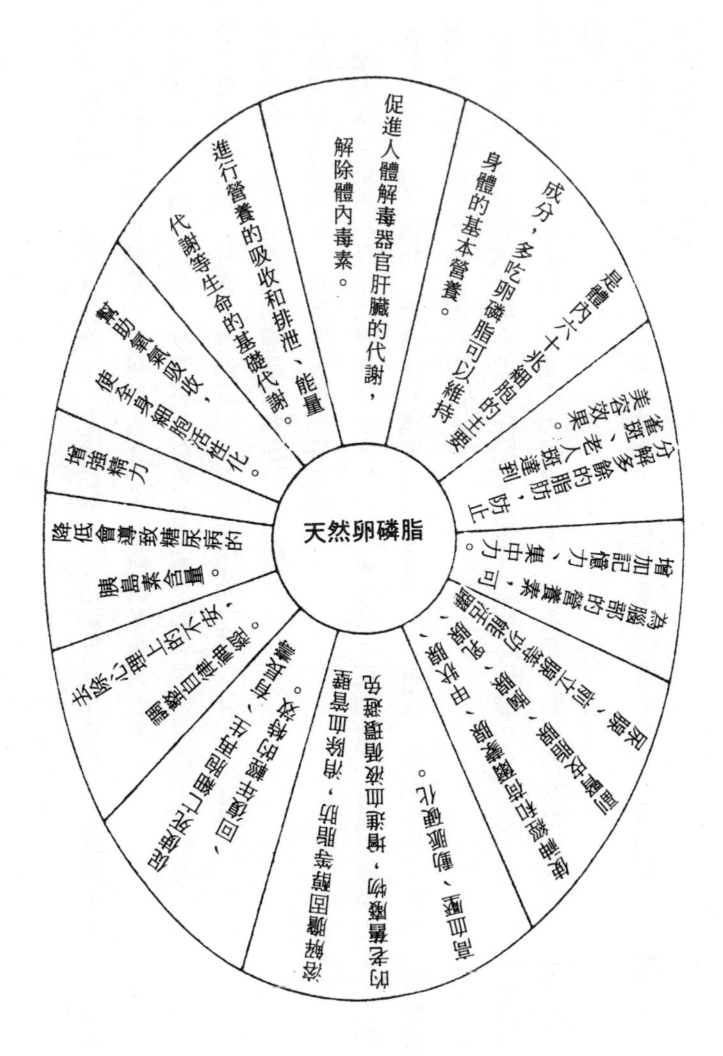
天然卵磷脂
促進人體解毒器官肝臟的代謝，解除體內毒素。
是體內六十兆細胞的主要成分，多吃卵磷脂可以維持身體的基本營養。
分解多餘的脂肪，防止雀斑、老人斑達到美容效果。
為腦部的營養素，可增加記憶力、集中力。
使神經和荷爾蒙腺、甲狀腺、副腎皮脂腺、胸腺、乳腺、尿腺、前立腺等功能活躍。
溶解膽固醇等脂肪，消除血管壁的老舊廢物，增進血液循環避免高血壓、動脈硬化。
促使死亡細胞再生、有助於回復年輕的特效。
去除心理上的不安，調整自律神經。
降低會導致糖尿病的胰島素含量。
增強精力
幫助氧氣吸收，使全身細胞活性化。
進行營養的吸收和排泄、能量代謝等生命的基礎代謝。

幼兒的同化作用勝於異化作用，老人的異化作用勝於同化作用。也就是說同化作用比異化作用活躍的話，再生細胞的數量就會比死亡細胞的數量還要多。

我們常說：「構成生命的物質是蛋白質。」那是因為蛋白質占了細胞的大部分，亦是進行物質交替重要物質：酵素、遺傳基因、荷爾蒙等的主要成分。

所以我們必須了解細胞的構造和各部位的功能。

細胞可分為細胞核、細胞質、後形質三部分。

＜**細胞核**＞細胞核是由核膜、核液、核仁、染色絲（細胞分裂之後叫做染色體）等構成的。核膜由蛋白質及脂肪（卵磷脂）構成，是非常薄的二層膜。細胞核另外還有叫做核膜孔的小洞，藉此調節進出細胞核的物質。

＜**細胞質**＞細胞質內含細胞膜、細胞質基質、戈爾吉氏體、小胞體等等。特別是進行重要功能的線粒體和利梭諾姆也在其中。線粒體由蛋白質和脂肪（卵磷脂）構成，是細胞產生能量的控制中心。

＜**後形質**＞維繫細胞與細胞之間的物質、細胞液、還有澱粉粒、蛋白質等貯藏物，蓚酸鈣等排泄物均為後形質。

〈細胞膜〉細胞質（嚴格說來應為細胞質膜）之中具有特殊功能的即是細胞膜。細胞膜的主要成分為：蛋白質占百分之五十，卵磷脂等脂肪占百分之四十，其他部分為糖類及少量的ＲＮＡ（核糖核酸）等物質。脂肪之中含量最多的便是磷脂肪：卵磷脂、腦磷脂、鞘髓磷脂、膽固醇等構成了細胞質。膽固醇雖然是構成細胞膜不可或缺的物質，能夠促進磷脂質、糖類的生成，保持平衡維護健康，可是過多的膽固醇（ＬＤＬ）沈澱在體內的話，也是很令人頭痛的。

膽固醇可以分為二種，ＬＤＬ膽固醇有害身體，ＨＤＬ膽固醇則有預防動脈硬化的功能。

生物的細胞膜總面積高達八萬平方公尺，細胞和細胞之間相互連繫，積極參與新陳代謝以維持生命現象。

卵磷脂存在於人體所有的細胞膜、核膜、小胞體膜、線粒體膜之中，對於生命的維持扮演著重要的角色。

卵磷脂就是這些薄膜的把關者。經由滲透作用吸收必要的養分，排泄不要的物質及過剩的養分。

所以，如果卵磷脂的數量減少或者是不執行它應有功能的話，就無法吸收必須攝取的養分和排泄廢物及多餘的養分了。

細胞膜就像是過濾器一樣，若是阻塞便會降低它的功能，甚至停止運作。只要卵磷脂充分存在細胞膜中，便可以增進細胞膜的機能，清除血液中的穢物，使血液循環流暢。

總之，病態的細胞膜會造成卵磷脂不足，使細胞喪失復活、再生、甦醒的功能，無法均衡吸收營養，正常排泄，體內的自然治癒能力也會隨之衰退。

這麼說來，卵磷脂能夠直接影響人類的生命，也可以說是生命的基礎物質。

因此，我們在攝取其他養分之前應該多攝食卵磷脂。

如果不這麼做的話，養分就不能夠充分吸收，排泄也不會順暢，反而盡是吸收一些多餘的物質，身體所需的養分卻只吸收少許，實在太不經濟了。

所以，對於細胞而言，卵磷脂便是一體同心，不可欠缺的要素。

(2)卵磷脂的乳化作用——卵磷脂存在於生物的所有細胞膜、小胞體膜、核膜、線粒體膜之中，進行物質的吸收與排泄，呼吸作用和解毒作用，能量的代謝等生命基礎代謝的功能。

這是由於卵磷脂具有乳化薄膜中的脂肪的功能。

每當要解釋卵磷脂的乳化作用時，我總是以家庭製作美乃滋的過程為例。醋（水）和油原本是不能混合的，加入蛋黃（卵磷脂）攪拌以後，醋和油就可以互相融合，美乃滋就完成了。這就是乳化作用。

卵磷脂能夠使水和油接合就是因為它含有親水性和親油性的緣故。

關於卵磷脂的乳化作用卡特・頓巴克斯博士曾明快地表示：「對我們的身體而言，卵磷脂實在是不錯的營養補品，其效果是別的物質絕對達不到的。」

卵磷脂的乳化作用亦可以用實驗來證明。例如：油和水無法相互溶合，只要在溶液中加入卵磷脂油中的脂肪就會自動分散使水分子溶入其中。

(3)呼吸困難也就是因為缺乏卵磷脂——由於醫學進步，新生兒早期死亡的原因大都已經解決，唯獨呼吸困難（ＲＤＳ）仍未能克服有待解決。

大部分的新生兒都能夠進行正常的反射運動及呼吸，只有一部分的新生兒呼吸困難。醫學專家探究其原因發現：原來是新生兒肺臟內層的卵磷脂含量不足所引起的。

體內吸收氧氣的器官是肺，肺部正常的話，其表面是濕潤的，那股濕氣可以將氧氣溶解再由血液運送到全身。如果肺部表面的濕氣不足，便不能夠吸取足夠的氧氣。而卵磷脂具有的親水性正可給予肺部水分（濕氣）。

形成胎兒的細胞一定要有充足的卵磷脂。胎兒的卵磷脂含量不足便是因為母親的卵磷脂含量不足。

胎兒必須自母體吸收養分，所以會造成流產、胎死腹中或是早產兒等現象都是由於母親卵磷脂含量不足的緣故。

(4)卵磷脂和長壽的關係——前面曾提過許多卵磷脂的優點，現在就來談談卵磷脂和長壽的關係。

◇卵磷脂可增加有益身體的膽固醇（HDL）的含量，減少損害身體的膽固醇（LDL）的含量。卵磷脂使血液中的膽固醇濃度降低，溶解積存在動脈中的膽固醇，可以治療動脈硬化，預防高血壓。

◇卵磷脂能夠增加血液中的γ球蛋白，避免細菌感染。

◇卵磷脂能夠使性能力回復，可以說是性的補助劑。

◇卵磷脂可以防止腦部軟化症，因為精神異常者的腦細胞中，卵磷脂的含量只有正常人的二分之一。

◇卵磷脂有助於肝臟的代謝，尤其是脂肪的代謝。也是解除體內毒素不可缺少的物質。

◇吸煙者的卵磷脂含量只有不吸煙者的七分之一。由於缺乏卵磷脂，抽煙者在運動和工作之後便容易疲勞。

◇酒精會使體內的脂肪堆積於肝臟，卵磷脂的乳化作用便可將脂肪從血液中排出。

◇卵磷脂會在體內一定的場所乳化中性脂肪，具有減肥的功能。

◇卵磷脂可以借助維他命E的力量促使會導致糖尿病的胰島素含量降低。

◇卵磷脂可說是食用性化粧品。因為它能夠防止皮膚老化，促進血液循環，增進汗腺的功能，使肌膚更有生氣。

◇卵磷脂可以避免更年期的鈣質代謝障礙，消除心理的不安，調整自律神經。

如此說來，卵磷脂的確是維持人類身體健康的基礎物質，是每個人都必須攝取的營養素，亦是肌膚不可缺少的美容聖品。

⑷攝取可防止細胞膜氧化的維他命E

細胞中心的核酸之中含有遺傳基因和染色體。根據遺傳基因的指令，酵素才能運作製造蛋白質。而細胞內具有這種功能的神祕器官有好幾千個。

可以把這幾千個神祕器官集合在一起的便是細胞膜。於是，六十兆個細胞聚集起來人類才得以生存。

因此，若是細胞膜受損的話，血液和淋巴液即使把養分運送到全身，也無法獲得有效的吸收，廢物也不易排出。

而卵磷脂正可以使細胞膜活性化，避免細胞膜受損。

嬰兒的身體之所以柔軟、活動自如便是由於細胞膜中的遺傳基因、線粒體、溶酶體等徹底執行了它們的功能。

相反地，老人的皮膚不僅粗糙還滿佈皺紋，這是因為細胞膜氧化凝固導致細胞死亡，使細胞的數量由五十兆減少到四十兆，漸漸地不再進行新陳代謝，整個人也顯得沒精神容易生

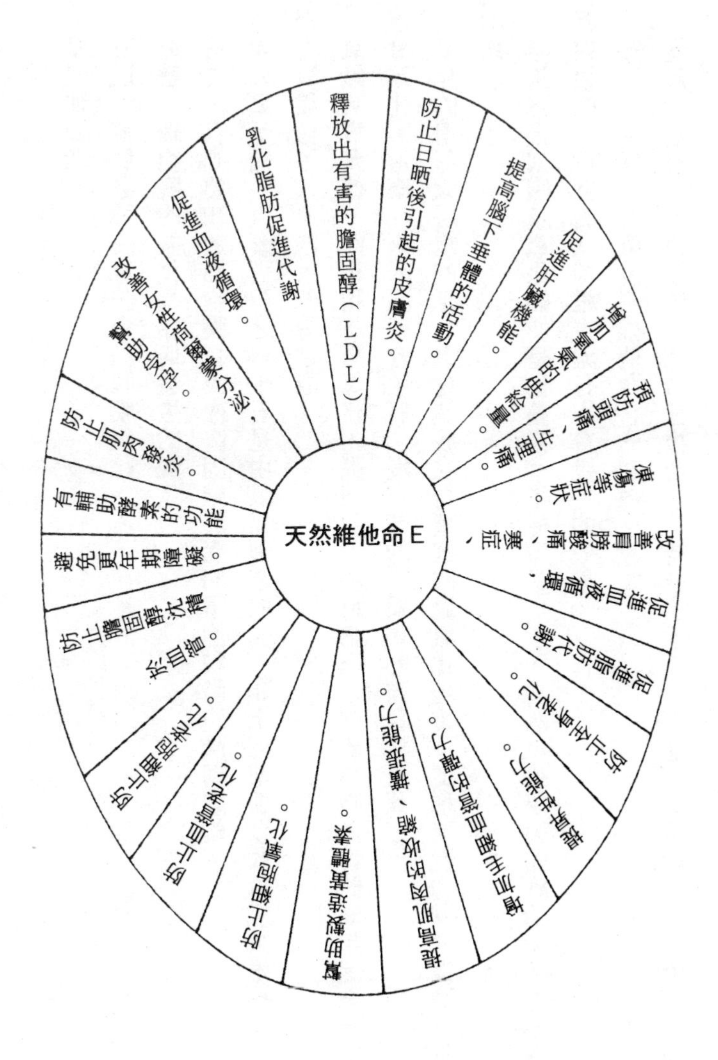
天然維他命E
釋放出有害的膽固醇（LDL）
防止日晒後引起的皮膚炎。
提高腦下垂體的活動。
促進肝臟機能。
增加氧氣的供給量。
預防頭痛、生理痛、凍傷等症狀。
改善肩膀酸痛、寒症、促進血液循環，
促進脂肪代謝。
防止全身老化。
提昇性能力。
增加毛細血管的彈力。
提高肌肉的收縮、擴張能力。
幫助製造黃體素。
防止細胞氧化。
防止血管老化。
防止細胞老化。
防止膽固醇沈積於血管。
避免更年期障礙。
有輔助酵素的功能。
防止肌肉發炎。
改善女性荷爾蒙分泌，幫助受孕。
促進血液循環。
乳化脂肪促進代謝

病，慢慢地衰老。

所以，我們必須注意防止細胞膜氧化。

那麼，細胞膜的氧化是如何發生的呢？

首先，我們要知道細胞膜是由像膽固醇那樣的不飽和脂肪酸構成的。

如大家所知：人體百分之六十五是由氧氣製造的。人類至死都要吸收氧氣來維持生命就是因為氧氣佔了人體的大部分之故。

氧氣其實會使不飽和脂肪酸氧化，腦細胞、心臟細胞、皮膚細胞、骨骼細胞等全身的細胞都會氧化。這麼一來人類就會生病、沒有精神，嚴重的還會導致死亡。

氧化的情形太嚴重的話，就會造成次頁圖例的過氧化脂質，這種毒性物質會破壞細胞使細胞死亡。

能夠防止細胞膜氧化的便是營養素「維他命E」了。當然，化學製的維他命E是不會有什麼效果的。自然的八種維生素E才有良好的效果。

接著，我就為各位說明維他命E的功效。

義邦・修特博士在發現維他命E複合體的時候表示：「維他命E可以用來治療人類的許

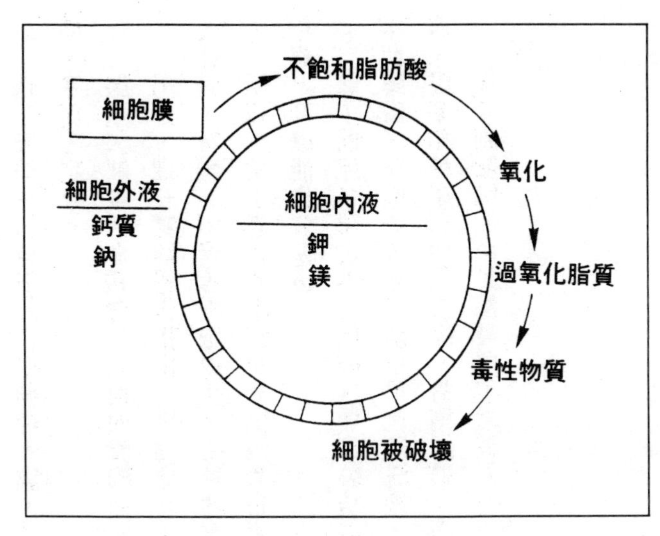

細胞膜的氧化過程

多疾病。」三萬多位心臟病患者就以維他命E治療，而腦中風、動脈硬化、高血壓、血栓性靜脈炎、糖尿病、燒傷、老人痴呆症等病症都可以用維他命E治癒。

現在，根據世界上的醫學家和科學家的研究，維他命E的神祕面紗慢慢被揭開了。其中有關於防止老化的作用和動脈硬化等老人病的預防最受到重視。

於是，一直被認為只能治療動物不孕症的維他命E已成為人體的「防銹維他命」、抗氧化維他命、血管保護維他命、改善血液循環的維他命、回復年輕維他命、防止老化維他命、美容維他命等等多用途的維他命了。如果維他命E不足的話，該怎麼辦呢？

缺乏維他命E會引起自律神經失調、腰痛、月經痛、關節痛、頭痛、心跳加速、肩膀酸痛、寒症等現象。

嚴重欠缺維他命E會使末梢血管的血液循環不良，產生凍瘡和細小皺紋。

另外，還有實驗報告指出：維他命E可以防止神經系統老化，維他命E不足的話，會造成肝臟、腎臟、副腎等細胞退化，生殖器官發育不全，性能力衰退等情況。

所以，給予老化的細胞補充維他命E便可以使肝細胞和平常不能夠再生的神經細胞回復年輕，其機能也會恢復。

除了前述各項之外，依據各種實驗結果顯示：維他命E可以治療不孕症、月經不順、更年期障礙、荷爾蒙失調、防止早產及流產，還有風濕病、神經痛、動脈硬化等循環系統的疾病，陽萎和糖尿病性網膜症、齒槽漏膿、膀胱炎等等。

從頭到腳維他命E都發揮了維護人體的功能。

⑸維他命C是膠原不可或缺的

我們已經知道卵磷脂和維他命E可以使細胞年輕、健康，但是如果細胞零亂地各自存在則無法確保身體健康了。

那麼，我們是不是能夠使細胞吸收其他的物質供給體內各個器官，讓人類的生命可以維持八十年～一百年呢？

也就是說：即使每個細胞都很優秀，可是沒有良好的連繫媒介單憑一個細胞是成不了氣候的。相對的，只有少部分的劣等細胞而有良好的連繫媒介才能夠成就大事。

人體細胞的連繫媒介便是動物性纖維素和結合組織。

結合組織可以保持身體平衡，加強細胞的功能，所以為了維持細胞健康必須更加維護結合組織。

若是體內產生癌細胞，只要結合組織仍然正常運作便可以延後癌細胞轉移的時間，而T細胞和巨噬細胞也可藉此機會殺死癌細胞，治好癌症。以前就有過這樣的例子。

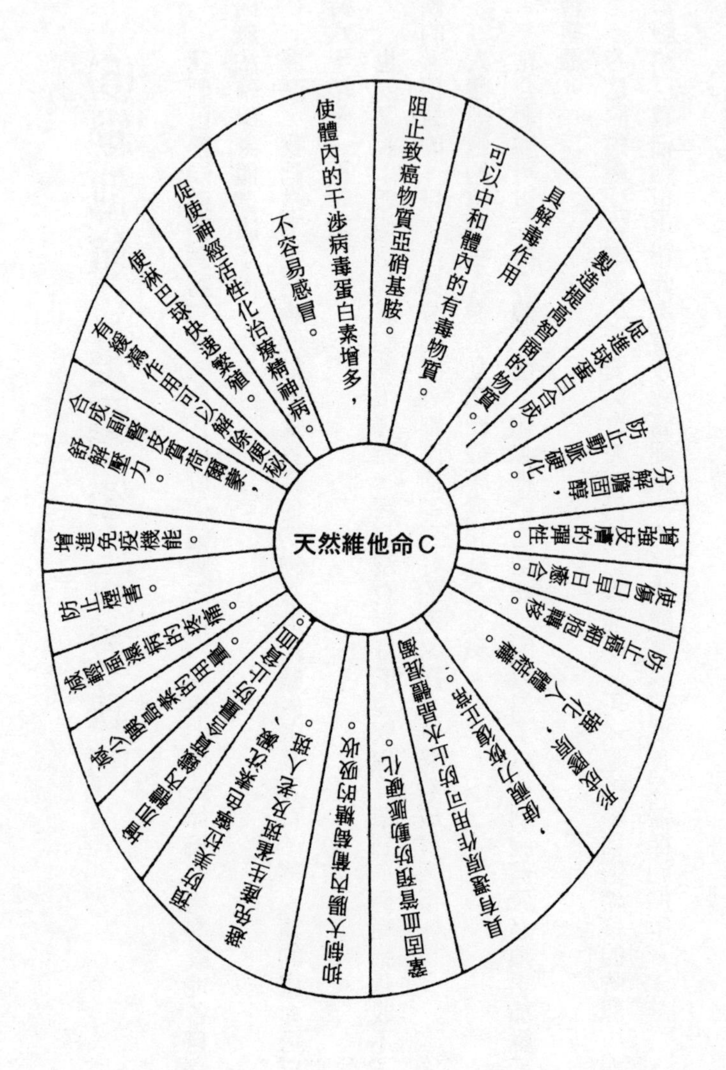
天然維他命C
阻止致癌物質亞硝基胺。
可以中和體內的有毒物質
具解毒作用。
製造提高細胞的物質。
促進球蛋白合成。
分解膽固醇，
防止動脈硬化。
增強皮膚的彈性。
使傷口早日癒合。
防止癌細胞轉移。
形成膠原，強化人體結構。
具有還原作用可防止水晶體混濁，使視力恢復正常。
鞏固血管預防動脈硬化。
抑制大腸內葡萄糖的吸收。
預防美拉寧色素沈澱、避免產生雀斑及老人斑。
增加體內鐵質含量防止貧血。
減少胰島素的用量。
減輕風濕病的疼痛。
防止煙害。
增進免疫機能。
合成副腎皮質荷爾蒙，舒解壓力。
有緩瀉作用可以解除便秘。
使淋巴球快速繁殖。
促使神經活性化治療精神病。
使體內的干涉病毒蛋白素增多，
不容易感冒。

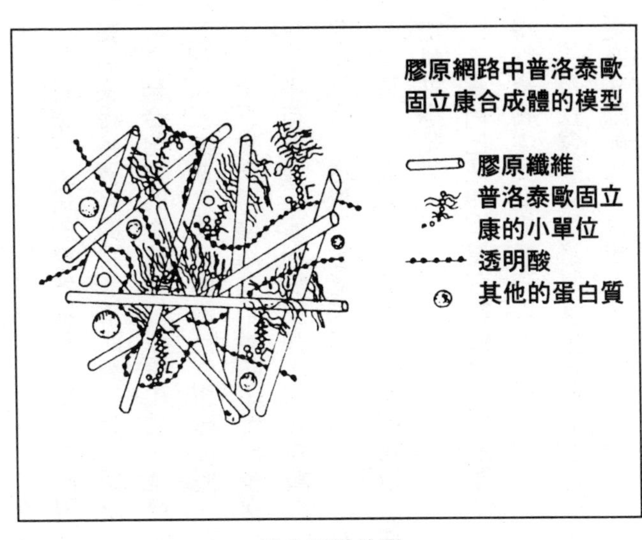

結合組織的圖

但是，細胞結合組織的膠原是不能缺少維他命C的。

骨髓、腦、神經、血管、內臟各器官、肌肉、皮膚、毛髮等構成人體所有組織的六十兆個細胞都是由膠原來連結的，如果結合組織不正常我們就無法擁有健康的身體。

因此，鞏固結合組織也是基本健康方法的一環。

血管、淋巴管及神經的細胞經由結合組織互相連結成橢圓形，所以無論多麼優良的細胞，倘若結合組織衰弱甚至於斷裂都會對身體產生很嚴重的影響。

腦中風、心不全症、肝臟硬化等令人心生恐懼的病症都是由於結合組織不健全引起的。

近來成人病的患者增多，其主要原因就是由於血管、神經、肝臟、心臟的結合組織衰弱斷裂使得各器官的功能不能夠充分發揮或是停止作用所致。

結合組織的主成分是膠原和黏液多糖類，如果沒有攝取足夠的維他命C，體內便無法製造膠原。壞血病就是因為結合組織衰弱、血管斷裂出血造成的。

十五世紀哥倫布為了尋訪印度而多次出海，那個時候船員得了壞血病相繼死亡，等到船抵達港口船員已所剩無幾必須招募新船員了。他們死亡的原因的確是青菜攝食量不足，也就是維他命C攝取不足造成的。

除了人類以外，所有的動物都可以自體內製造維他命C，而人類細胞製造維他命C的功能早就退化了。

我們已經知道沒有維他命C便不能製造膠原，所以人類為了維持結合組織正常運作就非得從食物中攝取維他命C不可。

現代醫學只能證明沒有維他命C就無法製造膠原，至於維他命C是經由何種化學反應轉變為膠原則尚未得知。

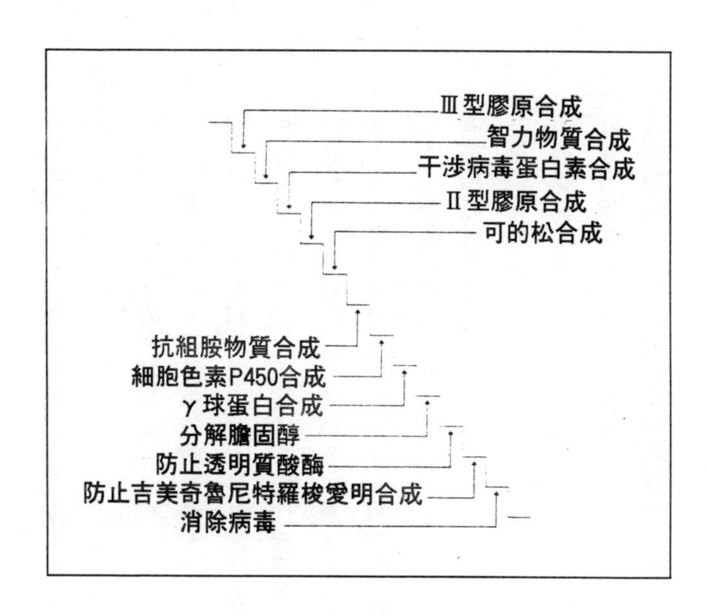

那麼，缺乏維他命C會引起何種疾病呢？

因為結合組織關係到全身，由外在因素引起的疾病除外，其他的疾病都有可能。現在我就舉出特別容易罹患的病名：

急性、慢性腎炎、腎變病、肝臟疾病（脂肪肝、肝臟硬化、流行性肝炎）、動脈硬化、腰痛、關節痛、五十肩（肩關節周圍炎）、肩膀酸痛、風濕病、頭痛、偏頭痛、神經性重聽、音響外傷性重聽、鏈黴素重聽、米尼爾氏綜合症、感音性重聽、耳鳴、傷口不能癒合、眼睛疲勞、水晶體混濁、角膜炎、圓形脫毛症以及其他各種脫毛症、疲勞、不易受孕、夜尿症、神經痛等等。

醫學上已證明維他命C還具有多種功能。

研究維他命C的專家，曾二度榮獲諾貝爾的拉那斯・柏林克博士的維他命C功效學說的重點如下：

⑴維他命C不足容易感冒。
⑵可以預防癌症，延長患者的壽命。
⑶可以防止美拉寧色素生成，是女性保養肌膚必備的。
⑷可以幫助酵素生化反應的新陳代謝運作。
⑸能夠治療糖尿病減少胰島素用量。
⑹可以治療車禍後產生的頭痛、骨痛及閃腰症。
⑺減低膽固醇的含量。
⑻治療精神分裂症。
⑼增進智能。
⑽消除壓力。
⑾製造膠原使外傷早日恢復。
⑿維他命C含量不足會擾亂細胞的活動。

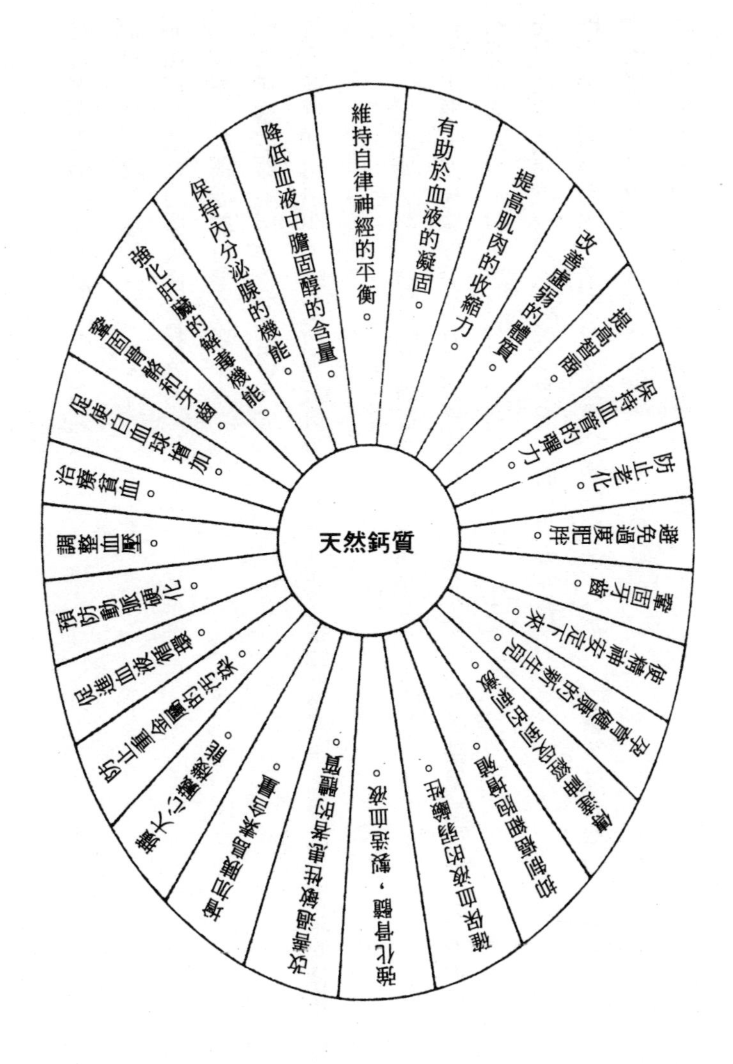
天然鈣質
維持自律神經的平衡。
有助於血液的凝固。
提高肌肉的收縮力。
改善虛弱的體質。
提高智商。
保持血管的彈力。
防止老化。
避免過度肥胖。
鞏固牙齒。
使精神安定下來。
孕育健康的新生兒。
傳遞神經受到的刺激。
抑制癌細胞增殖。
確保血液的弱鹼性。
強化骨髓，製造血液。
改善過敏性患者的體質。
增加胰島素含量。
擴大心臟機能。
防止重金屬的污染。
促進血液循環。
預防動脈硬化。
調整血壓。
治療貧血。
促使白血球增加。
鞏固骨骼和牙齒。
強化肝臟的解毒機能。
保持內分泌腺的機能。
降低血液中膽固醇的含量。

⒀防止白內障，恢復視力。
⒁防止胃炎和胃潰瘍。
⒂可以預防和治療病毒性肝炎。
⒃孕婦絕對需要的維他命之一。
⒄大量攝取即不用擔心腎結石。

現在我們便可以明白維他命攝食量少，所得到的效果並不多，大量的攝取才能獲致良好效果。

總之，根據醫藥專門書籍維他命C的功效便如一五七頁的圖表一樣。

但是，要從食物攝取一公克的天然維他命C就必須吃二百個蘋果或是一百四十根香蕉，檸檬的話則需要四十個。

可是我們不可能每天吃這麼多水果，而且也太浪費了。

維他命C劑經過化學處理可以製成抗壞血酸，不過仍不能夠算是天然的維他命C。

想盡辦法盡可能每天攝取一公克的維他命C吧！

只要夠努力您一定會發現維他命C的好處。

(6)鈣質使血液呈鹼性

前面已經提過卵磷脂、維他命E、維他命C可以促進人體健康，但是光靠這些物質還是不夠的。人類還必須依賴體內血液的流通才能生存。

血液大部分在骨髓中製造，而紅血球每天就可以產生四千多億個。

血液大致可以分為紅血球、白血球、血小板、血漿等四部分。各部位的功能均不相同，共同負責把血液運送到手指、腳指、頭部、徧及血管和骨髓，為了維持人類的生命而在全身形成一個循環系統。

紅血球、白血球、血小板、血漿的功能如下：

＜**紅血球**＞人體有百分之六十五是由氧氣構成的，紅血球便是將氧氣輸送給全身的細胞。

＜**白血球**＞殺死自體外入侵的細菌及體內的不純物質，避免疾病產生。

＜**血小板**＞受傷流血的時候血小板便會凝結成餅的形狀，具有止血作用。

＜**血漿**＞把從食物攝取的養分運送到全身的細胞。

它們的母細胞先在骨髓中進行細胞分裂再製成血球，可是現代的分子生命學只知道為了製造良好的血液必須攝取均衡的營養，並研究出沒有優良的骨髓便不能產生良好的血液。

至於應給骨髓何種養分則尚未得知。不過，鈣質卻是強化骨骼、使血液呈鹼性不可或缺的物質。

幾乎所有人都認為：乍看之下由鈣質構成的骨骼是類似小石子、石灰或水泥的合成物，其實並不是那麼簡單的。

骨骼之中有較大的血管通往骨髓，骨髓之中又有細小的血管通往哈柏斯氏管。另外，骨膜也有細小血管深入骨骼組織，供給骨骼所需的養分。所以，在哈柏斯氏管周圍的骨骼細胞井然有序地分布著，而細胞和細胞之間的鈣質、磷酸或者是炭酸化合物則層疊堆積。

骨髓之中還有破骨細胞和造骨細胞，是使骨骼成長以及骨折的骨頭復原的組織。

如此有條理的骨骼組織便是血液流通的組織。

乾燥骨骼大約有百分之八十是以鈣和磷等無機物質為主要成分，剩餘的百分之二十則是有機物質。而有機物質又有百分之九十是由膠原（蛋白質）構成的。

骨骼的硬度就是磷酸鈣及炭酸鈣沈澱於膠原造成的。

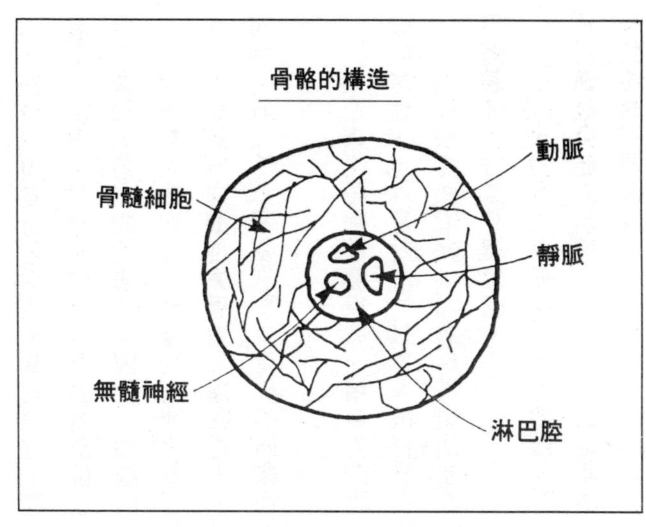

哈柏斯氏層板

支撐身體的骨骼若是有充分的活動，大腦、五官、內臟、內分泌腺、還有其他的皮膚、關節、血管都能保持健康。所以鈣質才是維持人類生命最重要的營養素。

鈣質不足的話，身體的活動、肌肉勞動、運動等動作便無法進行。

骨髓還有造血作用，在這兒一天可以製造出四千多億個運送氧氣到全身的紅血球。

另外，骨髓還能夠產生抗體，製造吞噬感冒病毒和肺炎病菌的中性白血球。而吞噬結核菌的單核白血球也是在骨髓製造的。

總之，骨髓療法就是為了強化骨骼、促使造血作用活躍，避免感冒治療貧血，進而改善虛弱體質。

血液可將養分運送至全身的細胞，其重要性自是不必多言。人類之所以能夠維持生命、腦部、肌肉、骨骼、內臟等身體各部位之所以能夠運作就是由於血液供給全身養分，排出體內毒素和老舊廢物的緣故。因此，血液的平衡受到破壞對健康便會有很大的影響。

那麼對人類而言什麼樣的血液才算理想？該怎麼做才好呢？接著我就為各位說明。

⑴血液傾向酸性會導致人類死亡——健康的血液通常是呈鹼性的（PH值為七・三～三・四）。所以千萬不要忘記：生病的時候血液多半是酸性的，血液為弱鹼性才不容易感染疾病。

最近衛生福利部發表的一項報告指出「日本人普遍缺乏鈣質」。鈣質不足血液自然容易傾向酸性，也就是說：「日本人很容易生病」，這是很糟糕的事。

為什麼這麼說呢？因為鈣質能使血液呈弱鹼性，只要每天攝取足夠的鈣質就能使血液常保弱鹼性，維護身體健康。

以前未曾有人強調鈣質的重要性，近日開始有人大聲急呼「鈣質不足問題就大了！」以及「磷酸會使人類死亡……」。雖是閒談，磷跟鈣可都是重要的礦物質，磷同時也是使血液呈酸性的主要因素。

以前鈣質不足似乎不是什麼嚴重的問題，為什麼現在突然受到重視呢？

健康的身體是要靠血液和均衡的營養共同維持的，若是有一方過於發達還是會破壞體內的平衡。

維護血液健康的二大礦物質是鈣和磷。其中鈣使血液呈鹼性而磷使血液呈酸性。

因此，磷對人體來說也是一重要的營養素，每天還是必須攝取的。另外，保持鈣和磷的平衡更是不容忽略的事。

血液中磷的含量過多便會傾向酸性，使人體衰弱。適量的鈣質能夠使血液呈弱鹼性，不易感染疾病，維護健康。

(2)**酸性會釋放毒素，鹼性有助於排泄**——酸性元素磷過多的話便會不斷在體內產生毒素，相對地，鹼性元素的鈣卻能夠將磷釋放的毒素以老舊廢物排出體外。

所以，鈣質含量少則不利於排泄，血液一旦傾向酸性毒素和老舊的廢物就會在體內堆積，血液也會變得黏濁使體內的血液循環不良，人體逐漸為酸性，終至生病。

不僅是身體的疾病，精神病、神經痛、甚至於生產，一生當中還有可能罹患不治之症，千萬不可掉以輕心。

⑶**使體質呈鹼性的鈣質**——構成人體的元素以氧氣為最多，佔全部的百分之六十五，碳佔百分之十八，氫佔百分之十，氮佔百分之三，鈣質佔百分之二・二，磷佔百分之零點八～一・二，其他還有五十多種元素。

那麼，人體究竟應該含有多少鈣質呢？就成人來說大約是四百～二千公克，其中百分之九十九形成骨骼和牙齒。

問題就出在剩下的百分之一。

這百分之一的鈣質分布在身體組織和血液之中，使身體保持一定的平衡。如果我們多吃了含有磷的食物導致體內的鈣質不足，鈣的貯藏庫骨髓便會自動地供給鈣質以維持血液的平衡。

還有，食用過多的酸性食品會使磷酸鹽在體內堆積，磷酸鹽是有害物質，它會以第三磷酸鹽的成分和鈣質相結合形成磷酸鈣，最後變成尿液排出體外，是故體內的鈣質含量當然不足了。

可樂、冰淇淋、速食拉麵、肉類等加工食品、粉末食品、豆腐之中都含有大量的磷酸鹽。

這類的食品每天越吃越多體內的鈣質就會慢慢缺乏，造成鈣的貯藏庫骨髓的鈣質含量不足，為了保持體內磷和鈣的平衡，骨髓便會把應該供給骨骼和牙齒的鈣質轉而供給血液和細胞。如此一來，鈣質嚴重缺乏，人體也傾向酸性，許多病痛就由此而生了。

(4)鈣質不足的嚴重性——

a、神經異常容易興奮，造成神經衰弱、歇斯底里，也有自殺的情況發生。

b、孕婦會生出精神衰弱兒、畸形兒、體質虛弱兒，還有可能造成流產或是早產。

c、使白血球的殺菌作用降低，容易感冒、傷口也容易化膿，易罹患扁桃腺炎、扁桃腺增殖性肥大症、支氣管炎。

d、使體內的老舊廢物、毒素堆積，引起肩膀酸痛、腰痛、疝氣、風濕病等等。

e、體質虛弱易得濕疹、蕁麻疹、斑疹等，造成過敏性體質。

f、導致骨骼發育不全，形成早產兒、骨骼和牙齒鬆動的嬰兒、無法活動的嬰兒和容易骨折的嬰孩。

g、造成血液循環不良、高血壓、心臟機能障礙、頭痛、羊癲瘋等。

h、由於消化吸收的功能降低，就容易罹患胃酸過多症與消化不良等腸胃的疾病。造成營養失調。

i、因為新陳代謝受到阻礙便會造成肥胖、糖尿病、寒症等症狀，疲勞也難以恢復。

j、鼻子患疾、蛀牙、齒槽漏膿、貧血、頭暈等等引發多種疾病。

(7)植物纖維素有助排便

讓我們試著把人體比喻為家庭的日常生活。我們花錢買了許多食物帶回家中，從包裝紙裡取出來烹煮直到吃完為止，製造了不少的垃圾。有些垃圾當做廢棄物處理，有些則順著下水道流出。食物經過消化吸收之後，剩餘的殘渣就形成大、小便由廁所排出。因此家裡總是乾乾淨淨的。

如果垃圾沒有徹底清除，下水道也阻塞不通，整個家裡就會雜亂無章，不僅不乾淨還有一股惡臭。就連住一天，不應該說是一小時也會感到厭煩，而且還容易生病。

想要擁有良好的居家環境，與其投下大筆的金錢設計、採購，還不如時常清掃來得方便。人體也是一樣的道理。

欲使身體常保健康首先就要注重排泄。

吃東西算是一種享受。可是一旦生病了不管吃多麼可口的食物也會食之無味。那不只是因為大腸、身體的各部位，還有細胞之中、遺傳基因周圍積蓄毒物及老舊廢物的緣故。

所以說排泄是人體健康的第一步真是一點也不為過。

人體的六十兆個細胞之中，每個細胞都含有數百個溶酶體，專門收集細胞產生的廢物再進行排泄。於是從細胞膜排泄的物質經由靜脈和淋巴管運送到心臟、肝臟再到腎臟，最後形成大便及小便或是汗和污垢排出體外。因此我們每天便可以安心享受吃東西的樂趣。

如果排泄作用停止就糟糕了，由於腸管阻塞毒素聚集在體內便會產生腹痛，嚴重的還會導致死亡。即使只是停止排尿也會引發尿毒症。

若是排泄狀況良好，十～二十天不吃東西只喝水還是可以維持生命的，可見排泄對健康的確有極大的影響。

另外，神經也有助於排泄作用。積存的大便和小便排泄時的快感，以及流汗之後那種清爽的感覺，這些都是經由神經告知的。比起品嘗美食的感覺神經更能感受到快感。

所以，健康的第一步就是要從排泄開始。

那麼，該怎麼做才能夠使排泄順暢呢？

簡單的說就是要減少肉食，多吃富含植物纖維素的食物。

人類的祖先原本是草食性動物，不知道自什麼時候起為了追求色、香、味而轉為偏向肉食。因此，以前的保健方法便不再適合於現代的飲食生活了。

如此一來不僅排泄狀況惡化，體內也會堆積毒素。衛生福利部表示：日本女性有百分之七十得到便秘，這也就是生病人數每年激增的原因。

人類和大猩猩的腦細胞發達程度不同，可是身體卻是具有同樣化學反應的生命體。根據生物學者的研究調查報告指出：大猩猩是絕對不吃肉類的，它們能夠長得那麼強壯魁梧完全只靠五十二種植物。由於植物纖維能夠使排泄順暢，大猩猩不斷地食用植物便能均衡攝取太陽光合成的養分，使它們得以健康的成長。

或許有些人會認為體內既然沒有分解植物性纖維的酵素，那麼植物性纖維應該和營養毫無關係才對。其實疾病的產生多半是由於纖維素不足引起的，所以千萬不要忽略它。

當然，日本人的飲食轉向歐美的肉食，速食加工食品也是使遺傳基因的生存環境受到破壞的主要因素。

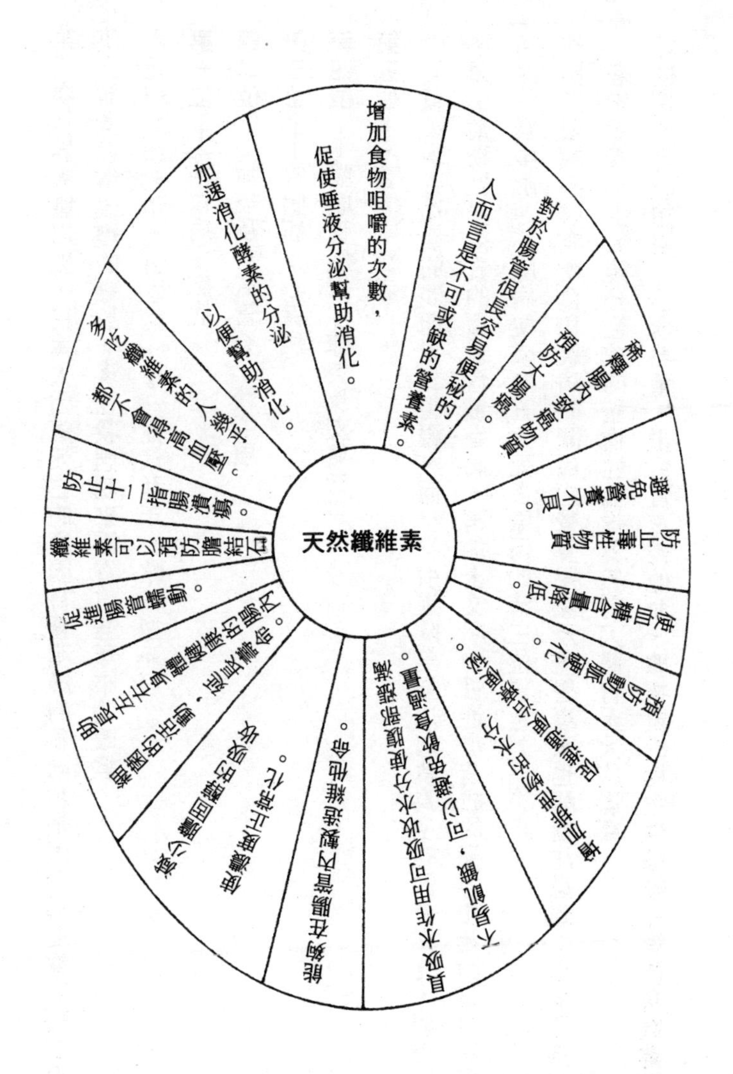
天然纖維素
增加食物咀嚼的次數，促使唾液分泌幫助消化。
對於腸管很長容易便秘的人而言是不可或缺的營養素。
稀釋腸內致癌物質預防大腸癌。
避免營養不良。
防止毒性物質
使血糖含量降低。
預防動脈硬化。
促進通便治療便秘。
增加排泄物的水分
不易飢餓，可以避免飲食過量。
具吸水作用可吸收水分使腹部漲滿
能夠在腸管內製造維他命。
減少膽固醇的吸收使濃度正常化。
助長左右身體健康的腸內細菌的活動，延長壽命。
促進腸管蠕動。
纖維素可以預防膽結石
防止十二指腸潰瘍。
多吃纖維素的人幾乎都不會得高血壓。
加速消化酵素的分泌以便幫助消化。

第二次世界大戰以後，日本人因病死亡的原因有著明顯的不同乃是因為引進歐美的飲食文化使得飲食習慣改變的緣故。現在我們就來看看這些年來的改變。

西元一九四七年（日本型）→一九八九年（歐美型）

第一位——結核病→癌症

第二位——肺炎及支氣管炎→腦中風

第三位——胃腸病→心臟病

第四位——腦血管疾病→肺炎及支氣管炎

第五位——衰老→衰老

由於戰後營養均衡的問題受到重視，而且又引進歐美型以肉食為主的飲食文化，使得脂肪、糖類、動物性蛋白質的攝食含量過高，再加上文明物質進步造成的壓力和運動不足等現象，癌症、腦中風、心臟病便成為五大死亡原因的前三位了。

從自然環境來研究飲食和疾病的關係之營養學家及醫學專家也開始注意到：原本認為是殘渣、毫無營養，由太陽光合成的植物性纖維竟然對人體有重大的影響。

於是我們可以知道：不含熱量、蛋白質、維他命、礦物質的植物性纖維是維持身體健康不可缺少的物質。

那麼，植物性纖維是如何作用的呢？現在我就來為大家介紹其從口腔食入直到被肛門排出的過程。

(1)在口中↓可增加食物咀嚼的次數。

a、促使唾液分泌，幫助消化。

b、藉著口腔的運動刺激食物中樞神經，製造滿腹感。

(2)在胃中↓纖維素的吸收作用可以充分的吸收水分。

a、使腹部漲滿不易感覺飢餓。

b、提高滿腹感，避免飲食過量。

(3)在腸管中↓以吸收、膨漲的方式慢慢進行消化。

a、延長食物在腸管內停留的時間避免空腹感提早出現。

b、降低血糖的含量。

(4)在十二指腸中↓膽固醇容易和膽汁酸結合造成困擾。

a、減少體內膽固醇的含量，使其濃度恢復正常。

b、改變食物移動的速度，促進消化荷爾蒙的分泌使消化機能趨於正常。

c、防止毒性物質避免造成營養不良。

(5)從大腸到肛門。

a、使腸內食物移動順利，維護腸管的正常功能。

b、增加排泄物的水分使排泄有通便，改善便秘的效果。

c、保持腸內細菌的平衡，稀釋致癌物質，預防大腸癌。

由於纖維素具有這麼多的功效，所以蛋白質、脂肪、碳水化合物、維他命、礦物質等五大營養素的時代已經過去，現在還要再加上沒有營養的營養素「纖維素」改稱為六大營養素的時代才對。

後記

讀完本書之後，相信您一定意識到：由於化粧品業者的宣傳策略，自己已經得了化粧品依賴症。其實，美麗的肌膚還是要從徹底清潔臉部和健康的身體來著手的。您也一定明白：唯有「海藻精」製成的化粧品才能夠真正給予肌膚潤澤而不產生副作用。

只要使用「海藻精」化粧品，您就可以擁有以前歐美人所稱羨的：「如大理石一般光滑柔嫩」的肌膚了。

坦白說化粧品還是少用的好，為了能儘情享受「化粧即是美容」的樂趣，首先就要有健康的肌膚。

因為我確信擁有健康的皮膚才是美容的最終目的，因此，為了保有健康的身體您必須攝取卵磷脂、維他命E、維他命C、鈣質、植物性纖維素等人體不可或缺的五大營養素。

總之，皮膚的美醜反應了人體的健康狀態，是故第一步我們就要吸收均衡的營養，接著徹底洗淨臉部的污垢和油脂，再逐步地作基礎保養，上粧。

我這麼說並不代表那就是本書的全部，請您還是要多參考各章節的精華，務必記得一定要活用。

大展出版社有限公司	圖書目錄
地址：台北市北投區(石牌) 致遠一路二段12巷1號 郵撥：0166955～1	電話：(02)28236031 28236033 傳真：(02)28272069

・法律專欄連載・電腦編號 58

台大法學院 法律學系／策劃
法律服務社／編著

1. 別讓您的權利睡著了 ① 200 元
2. 別讓您的權利睡著了 ② 200 元

・秘傳占卜系列・電腦編號 14

1.	手相術	淺野八郎著	150 元
2.	人相術	淺野八郎著	150 元
3.	西洋占星術	淺野八郎著	150 元
4.	中國神奇占卜	淺野八郎著	150 元
5.	夢判斷	淺野八郎著	150 元
6.	前世、來世占卜	淺野八郎著	150 元
7.	法國式血型學	淺野八郎著	150 元
8.	靈感、符咒學	淺野八郎著	150 元
9.	紙牌占卜學	淺野八郎著	150 元
10.	ESP 超能力占卜	淺野八郎著	150 元
11.	猶太數的秘術	淺野八郎著	150 元
12.	新心理測驗	淺野八郎著	160 元
13.	塔羅牌預言秘法	淺野八郎著	200 元

・趣味心理講座・電腦編號 15

1.	性格測驗① 探索男與女	淺野八郎著	140 元
2.	性格測驗② 透視人心奧秘	淺野八郎著	140 元
3.	性格測驗③ 發現陌生的自己	淺野八郎著	140 元
4.	性格測驗④ 發現你的真面目	淺野八郎著	140 元
5.	性格測驗⑤ 讓你們吃驚	淺野八郎著	140 元
6.	性格測驗⑥ 洞穿心理盲點	淺野八郎著	140 元
7.	性格測驗⑦ 探索對方心理	淺野八郎著	140 元
8.	性格測驗⑧ 由吃認識自己	淺野八郎著	160 元
9.	性格測驗⑨ 戀愛知多少	淺野八郎著	160 元
10.	性格測驗⑩ 由裝扮瞭解人心	淺野八郎著	160 元

11. 性格測驗⑪ 敲開內心玄機　淺野八郎著　140 元
12. 性格測驗⑫ 透視你的未來　淺野八郎著　160 元
13. 血型與你的一生　淺野八郎著　160 元
14. 趣味推理遊戲　淺野八郎著　160 元
15. 行為語言解析　淺野八郎著　160 元

・婦 幼 天 地・電腦編號 16

1. 八萬人減肥成果　黃靜香譯　180 元
2. 三分鐘減肥體操　楊鴻儒譯　150 元
3. 窈窕淑女美髮秘訣　柯素娥譯　130 元
4. 使妳更迷人　成　玉譯　130 元
5. 女性的更年期　官舒妍編譯　160 元
6. 胎內育兒法　李玉瓊編譯　150 元
7. 早產兒袋鼠式護理　唐岱蘭譯　200 元
8. 初次懷孕與生產　婦幼天地編譯組　180 元
9. 初次育兒 12 個月　婦幼天地編譯組　180 元
10. 斷乳食與幼兒食　婦幼天地編譯組　180 元
11. 培養幼兒能力與性向　婦幼天地編譯組　180 元
12. 培養幼兒創造力的玩具與遊戲　婦幼天地編譯組　180 元
13. 幼兒的症狀與疾病　婦幼天地編譯組　180 元
14. 腿部苗條健美法　婦幼天地編譯組　180 元
15. 女性腰痛別忽視　婦幼天地編譯組　150 元
16. 舒展身心體操術　李玉瓊編譯　130 元
17. 三分鐘臉部體操　趙薇妮著　160 元
18. 生動的笑容表情術　趙薇妮著　160 元
19. 心曠神怡減肥法　川津祐介著　130 元
20. 內衣使妳更美麗　陳玄茹譯　130 元
21. 瑜伽美姿美容　黃靜香編著　180 元
22. 高雅女性裝扮學　陳珮玲譯　180 元
23. 蠶糞肌膚美顏法　坂梨秀子著　160 元
24. 認識妳的身體　李玉瓊譯　160 元
25. 產後恢復苗條體態　居理安・芙萊喬著　200 元
26. 正確護髮美容法　山崎伊久江著　180 元
27. 安琪拉美姿養生學　安琪拉蘭斯博瑞著　180 元
28. 女體性醫學剖析　增田豐著　220 元
29. 懷孕與生產剖析　岡部綾子著　180 元
30. 斷奶後的健康育兒　東城百合子著　220 元
31. 引出孩子幹勁的責罵藝術　多湖輝著　170 元
32. 培養孩子獨立的藝術　多湖輝著　170 元
33. 子宮肌瘤與卵巢囊腫　陳秀琳編著　180 元
34. 下半身減肥法　納他夏・史達賓著　180 元
35. 女性自然美容法　吳雅菁編著　180 元
36. 再也不發胖　池園悅太郎著　170 元

37. 生男生女控制術	中垣勝裕著	220 元
38. 使妳的肌膚更亮麗	楊　皓編著	170 元
39. 臉部輪廓變美	芝崎義夫著	180 元
40. 斑點、皺紋自己治療	高須克彌著	180 元
41. 面皰自己治療	伊藤雄康著	180 元
42. 隨心所欲瘦身冥想法	原久子著	180 元
43. 胎兒革命	鈴木丈織著	180 元
44. NS 磁氣平衡法塑造窈窕奇蹟	古屋和江著	180 元
45. 享瘦從腳開始	山田陽子著	180 元
46. 小改變瘦 4 公斤	宮本裕子著	180 元
47. 軟管減肥瘦身	高橋輝男著	180 元
48. 海藻精神秘美容法	劉名揚編著	180 元
49. 肌膚保養與脫毛	鈴木真理著	180 元
50. 10 天減肥 3 公斤	彤雲編輯組	180 元

・青春天地・電腦編號 17

1. A 血型與星座	柯素娥編譯	160 元
2. B 血型與星座	柯素娥編譯	160 元
3. O 血型與星座	柯素娥編譯	160 元
4. AB 血型與星座	柯素娥編譯	120 元
5. 青春期性教室	呂貴嵐編譯	130 元
6. 事半功倍讀書法	王毅希編譯	150 元
7. 難解數學破題	宋釗宜編譯	130 元
8. 速算解題技巧	宋釗宜編譯	130 元
9. 小論文寫作秘訣	林顯茂編譯	120 元
11. 中學生野外遊戲	熊谷康編著	120 元
12. 恐怖極短篇	柯素娥編譯	130 元
13. 恐怖夜話	小毛驢編譯	130 元
14. 恐怖幽默短篇	小毛驢編譯	120 元
15. 黑色幽默短篇	小毛驢編譯	120 元
16. 靈異怪談	小毛驢編譯	130 元
17. 錯覺遊戲	小毛驢編著	130 元
18. 整人遊戲	小毛驢編著	150 元
19. 有趣的超常識	柯素娥編譯	130 元
20. 哦！原來如此	林慶旺編譯	130 元
21. 趣味競賽 100 種	劉名揚編譯	120 元
22. 數學謎題入門	宋釗宜編譯	150 元
23. 數學謎題解析	宋釗宜編譯	150 元
24. 透視男女心理	林慶旺編譯	120 元
25. 少女情懷的自白	李桂蘭編譯	120 元
26. 由兄弟姊妹看命運	李玉瓊編譯	130 元
27. 趣味的科學魔術	林慶旺編譯	150 元

28. 趣味的心理實驗室	李燕玲編譯	150 元
29. 愛與性心理測驗	小毛驢編譯	130 元
30. 刑案推理解謎	小毛驢編譯	130 元
31. 偵探常識推理	小毛驢編譯	130 元
32. 偵探常識解謎	小毛驢編譯	130 元
33. 偵探推理遊戲	小毛驢編譯	130 元
34. 趣味的超魔術	廖玉山編著	150 元
35. 趣味的珍奇發明	柯素娥編著	150 元
36. 登山用具與技巧	陳瑞菊編著	150 元

・健康天地・電腦編號 18

1. 壓力的預防與治療	柯素娥編譯	130 元
2. 超科學氣的魔力	柯素娥編譯	130 元
3. 尿療法治病的神奇	中尾良一著	130 元
4. 鐵證如山的尿療法奇蹟	廖玉山譯	120 元
5. 一日斷食健康法	葉慈容編譯	150 元
6. 胃部強健法	陳炳崑譯	120 元
7. 癌症早期檢查法	廖松濤譯	160 元
8. 老人痴呆症防止法	柯素娥編譯	130 元
9. 松葉汁健康飲料	陳麗芬編譯	130 元
10. 揉肚臍健康法	永井秋夫著	150 元
11. 過勞死、猝死的預防	卓秀貞編譯	130 元
12. 高血壓治療與飲食	藤山順豐著	150 元
13. 老人看護指南	柯素娥編譯	150 元
14. 美容外科淺談	楊啟宏著	150 元
15. 美容外科新境界	楊啟宏著	150 元
16. 鹽是天然的醫生	西英司郎著	140 元
17. 年輕十歲不是夢	梁瑞麟譯	200 元
18. 茶料理治百病	桑野和民著	180 元
19. 綠茶治病寶典	桑野和民著	150 元
20. 杜仲茶養顏減肥法	西田博著	150 元
21. 蜂膠驚人療效	瀨長良三郎著	180 元
22. 蜂膠治百病	瀨長良三郎著	180 元
23. 醫藥與生活㈠	鄭炳全著	180 元
24. 鈣長生寶典	落合敏著	180 元
25. 大蒜長生寶典	木下繁太郎著	160 元
26. 居家自我健康檢查	石川恭三著	160 元
27. 永恆的健康人生	李秀鈴譯	200 元
28. 大豆卵磷脂長生寶典	劉雪卿譯	150 元
29. 芳香療法	梁艾琳譯	160 元
30. 醋長生寶典	柯素娥譯	180 元
31. 從星座透視健康	席拉・吉蒂斯著	180 元
32. 愉悅自在保健學	野本二士夫著	160 元

33. 裸睡健康法　丸山淳士等著　160 元
34. 糖尿病預防與治療　藤田順豐著　180 元
35. 維他命長生寶典　菅原明子著　180 元
36. 維他命 C 新效果　鐘文訓編　150 元
37. 手、腳病理按摩　堤芳朗著　160 元
38. AIDS 瞭解與預防　彼得塔歇爾著　180 元
39. 甲殼質殼聚糖健康法　沈永嘉譯　160 元
40. 神經痛預防與治療　木下真男著　160 元
41. 室內身體鍛鍊法　陳炳崑編著　160 元
42. 吃出健康藥膳　劉大器編著　180 元
43. 自我指壓術　蘇燕謀編著　160 元
44. 紅蘿蔔汁斷食療法　李玉瓊編著　150 元
45. 洗心術健康秘法　竺翠萍編譯　170 元
46. 枇杷葉健康療法　柯素娥編譯　180 元
47. 抗衰血癒　楊啟宏著　180 元
48. 與癌搏鬥記　逸見政孝著　180 元
49. 冬蟲夏草長生寶典　高橋義博著　170 元
50. 痔瘡・大腸疾病先端療法　宮島伸宜著　180 元
51. 膠布治癒頑固慢性病　加瀨建造著　180 元
52. 芝麻神奇健康法　小林貞作著　170 元
53. 香煙能防止癡呆？　高田明和著　180 元
54. 穀菜食治癌療法　佐藤成志著　180 元
55. 貼藥健康法　松原英多著　180 元
56. 克服癌症調和道呼吸法　帶津良一著　180 元
57. B 型肝炎預防與治療　野村喜重郎著　180 元
58. 青春永駐養生導引術　早島正雄著　180 元
59. 改變呼吸法創造健康　原久子著　180 元
60. 荷爾蒙平衡養生秘訣　出村博著　180 元
61. 水美肌健康法　井戶勝富著　170 元
62. 認識食物掌握健康　廖梅珠編著　170 元
63. 痛風劇痛消除法　鈴木吉彥著　180 元
64. 酸莖菌驚人療效　上田明彥著　180 元
65. 大豆卵磷脂治現代病　神津健一著　200 元
66. 時辰療法—危險時刻凌晨 4 時　呂建強等著　180 元
67. 自然治癒力提升法　帶津良一著　180 元
68. 巧妙的氣保健法　藤平墨子著　180 元
69. 治癒 C 型肝炎　熊田博光著　180 元
70. 肝臟病預防與治療　劉名揚編著　180 元
71. 腰痛平衡療法　荒井政信著　180 元
72. 根治多汗症、狐臭　稻葉益巳著　220 元
73. 40 歲以後的骨質疏鬆症　沈永嘉譯　180 元
74. 認識中藥　松下一成著　180 元
75. 認識氣的科學　佐佐木茂美著　180 元
76. 我戰勝了癌症　安田伸著　180 元

77. 斑點是身心的危險信號　中野進著　180 元
78. 艾波拉病毒大震撼　玉川重德著　180 元
79. 重新還我黑髮　桑名隆一郎著　180 元
80. 身體節律與健康　林博史著　180 元
81. 生薑治萬病　石原結實著　180 元
82. 靈芝治百病　陳瑞東著　180 元
83. 木炭驚人的威力　大槻彰著　200 元
84. 認識活性氧　井土貴司著　180 元
85. 深海鮫治百病　廖玉山編著　180 元
86. 神奇的蜂王乳　井上丹治著　180 元
87. 卡拉 OK 健腦法　東潔著　180 元
88. 卡拉 OK 健康法　福田伴男著　180 元
89. 醫藥與生活(二)　鄭炳全著　200 元
90. 洋蔥治百病　宮尾興平著　180 元

・實用女性學講座・電腦編號 19

1. 解讀女性內心世界　島田一男著　150 元
2. 塑造成熟的女性　島田一男著　150 元
3. 女性整體裝扮學　黃靜香編著　180 元
4. 女性應對禮儀　黃靜香編著　180 元
5. 女性婚前必修　小野十傳著　200 元
6. 徹底瞭解女人　田口二州著　180 元
7. 拆穿女性謊言 88 招　島田一男著　200 元
8. 解讀女人心　島田一男著　200 元
9. 俘獲女性絕招　志賀貢著　200 元
10. 愛情的壓力解套　中村理英子著　200 元

・校園系列・電腦編號 20

1. 讀書集中術　多湖輝著　150 元
2. 應考的訣竅　多湖輝著　150 元
3. 輕鬆讀書贏得聯考　多湖輝著　150 元
4. 讀書記憶秘訣　多湖輝著　150 元
5. 視力恢復！超速讀術　江錦雲譯　180 元
6. 讀書 36 計　黃柏松編著　180 元
7. 驚人的速讀術　鐘文訓編著　170 元
8. 學生課業輔導良方　多湖輝著　180 元
9. 超速讀超記憶法　廖松濤編著　180 元
10. 速算解題技巧　宋釗宜編著　200 元
11. 看圖學英文　陳炳崑編著　200 元
12. 讓孩子最喜歡數學　沈永嘉譯　180 元

・實用心理學講座・電腦編號 21

1. 拆穿欺騙伎倆　多湖輝著　140 元
2. 創造好構想　多湖輝著　140 元
3. 面對面心理術　多湖輝著　160 元
4. 偽裝心理術　多湖輝著　140 元
5. 透視人性弱點　多湖輝著　140 元
6. 自我表現術　多湖輝著　180 元
7. 不可思議的人性心理　多湖輝著　180 元
8. 催眠術入門　多湖輝著　150 元
9. 責罵部屬的藝術　多湖輝著　150 元
10. 精神力　多湖輝著　150 元
11. 厚黑說服術　多湖輝著　150 元
12. 集中力　多湖輝著　150 元
13. 構想力　多湖輝著　150 元
14. 深層心理術　多湖輝著　160 元
15. 深層語言術　多湖輝著　160 元
16. 深層說服術　多湖輝著　180 元
17. 掌握潛在心理　多湖輝著　160 元
18. 洞悉心理陷阱　多湖輝著　180 元
19. 解讀金錢心理　多湖輝著　180 元
20. 拆穿語言圈套　多湖輝著　180 元
21. 語言的內心玄機　多湖輝著　180 元
22. 積極力　多湖輝著　180 元

・超現實心理講座・電腦編號 22

1. 超意識覺醒法　詹蔚芬編譯　130 元
2. 護摩秘法與人生　劉名揚編譯　130 元
3. 秘法！超級仙術入門　陸明譯　150 元
4. 給地球人的訊息　柯素娥編著　150 元
5. 密教的神通力　劉名揚編著　130 元
6. 神秘奇妙的世界　平川陽一著　180 元
7. 地球文明的超革命　吳秋嬌譯　200 元
8. 力量石的秘密　吳秋嬌譯　180 元
9. 超能力的靈異世界　馬小莉譯　200 元
10. 逃離地球毀滅的命運　吳秋嬌譯　200 元
11. 宇宙與地球終結之謎　南山宏著　200 元
12. 驚世奇功揭秘　傅起鳳著　200 元
13. 啟發身心潛力心象訓練法　栗田昌裕著　180 元
14. 仙道術遁甲法　高藤聰一郎著　220 元
15. 神通力的秘密　中岡俊哉著　180 元
16. 仙人成仙術　高藤聰一郎著　200 元

17. 仙道符咒氣功法　高藤聰一郎著　220元
18. 仙道風水術尋龍法　高藤聰一郎著　200元
19. 仙道奇蹟超幻像　高藤聰一郎著　200元
20. 仙道鍊金術房中法　高藤聰一郎著　200元
21. 奇蹟超醫療治癒難病　深野一幸著　220元
22. 揭開月球的神秘力量　超科學研究會　180元
23. 西藏密教奧義　高藤聰一郎著　250元
24. 改變你的夢術入門　高藤聰一郎著　250元

・養 生 保 健・電腦編號 23

1. 醫療養生氣功　黃孝寬著　250元
2. 中國氣功圖譜　余功保著　230元
3. 少林醫療氣功精粹　井玉蘭著　250元
4. 龍形實用氣功　吳大才等著　220元
5. 魚戲增視強身氣功　宮　嬰著　220元
6. 嚴新氣功　前新培金著　250元
7. 道家玄牝氣功　張　章著　200元
8. 仙家秘傳袪病功　李遠國著　160元
9. 少林十大健身功　秦慶豐著　180元
10. 中國自控氣功　張明武著　250元
11. 醫療防癌氣功　黃孝寬著　250元
12. 醫療強身氣功　黃孝寬著　250元
13. 醫療點穴氣功　黃孝寬著　250元
14. 中國八卦如意功　趙維漢著　180元
15. 正宗馬禮堂養氣功　馬禮堂著　420元
16. 秘傳道家筋經內丹功　王慶餘著　280元
17. 三元開慧功　辛桂林著　250元
18. 防癌治癌新氣功　郭　林著　180元
19. 禪定與佛家氣功修煉　劉天君著　200元
20. 顛倒之術　梅自強著　360元
21. 簡明氣功辭典　吳家駿編　360元
22. 八卦三合功　張全亮著　230元
23. 朱砂掌健身養生功　楊永著　250元
24. 抗老功　陳九鶴著　230元
25. 意氣按穴排濁自療法　黃啟運編著　250元

・社會人智囊・電腦編號 24

1. 糾紛談判術　清水增三著　160元
2. 創造關鍵術　淺野八郎著　150元
3. 觀人術　淺野八郎著　180元
4. 應急詭辯術　廖英迪編著　160元

5. 天才家學習術　木原武一著　160元
6. 貓型狗式鑑人術　淺野八郎著　180元
7. 逆轉運掌握術　淺野八郎著　180元
8. 人際圓融術　澀谷昌三著　160元
9. 解讀人心術　淺野八郎著　180元
10. 與上司水乳交融術　秋元隆司著　180元
11. 男女心態定律　小田晉著　180元
12. 幽默說話術　林振輝編著　200元
13. 人能信賴幾分　淺野八郎著　180元
14. 我一定能成功　李玉瓊譯　180元
15. 獻給青年的嘉言　陳蒼杰譯　180元
16. 知人、知面、知其心　林振輝編著　180元
17. 塑造堅強的個性　坂上肇著　180元
18. 為自己而活　佐藤綾子著　180元
19. 未來十年與愉快生活有約　船井幸雄著　180元
20. 超級銷售話術　杜秀卿譯　180元
21. 感性培育術　黃靜香編著　180元
22. 公司新鮮人的禮儀規範　蔡媛惠譯　180元
23. 傑出職員鍛鍊術　佐佐木正著　180元
24. 面談獲勝戰略　李芳黛譯　180元
25. 金玉良言撼人心　森純大著　180元
26. 男女幽默趣典　劉華亭編著　180元
27. 機智說話術　劉華亭編著　180元
28. 心理諮商室　柯素娥譯　180元
29. 如何在公司崢嶸頭角　佐佐木正著　180元
30. 機智應對術　李玉瓊編著　200元
31. 克服低潮良方　坂野雄二著　180元
32. 智慧型說話技巧　沈永嘉編著　180元
33. 記憶力、集中力增進術　廖松濤編著　180元
34. 女職員培育術　林慶旺編著　180元
35. 自我介紹與社交禮儀　柯素娥編著　180元
36. 積極生活創幸福　田中真澄著　180元
37. 妙點子超構想　多湖輝著　180元
38. 說NO的技巧　廖玉山編著　180元
39. 一流說服力　李玉瓊編著　180元
40. 般若心經成功哲學　陳鴻蘭編著　180元
41. 訪問推銷術　黃靜香編著　180元
42. 男性成功秘訣　陳蒼杰編著　180元

・精 選 系 列・電腦編號25

1. 毛澤東與鄧小平　渡邊利夫等著　280元
2. 中國大崩裂　江戶介雄著　180元
3. 台灣・亞洲奇蹟　上村幸治著　220元

4. 7-ELEVEN 高盈收策略　國友隆一著　180 元
5. 台灣獨立（新・中國日本戰爭一）　森詠著　200 元
6. 迷失中國的末路　江戶雄介著　220 元
7. 2000 年 5 月全世界毀滅　紫藤甲子男著　180 元
8. 失去鄧小平的中國　小島朋之著　220 元
9. 世界史爭議性異人傳　桐生操著　200 元
10. 淨化心靈享人生　松濤弘道著　220 元
11. 人生心情診斷　賴藤和寬著　220 元
12. 中美大決戰　檜山良昭著　220 元
13. 黃昏帝國美國　莊雯琳譯　220 元
14. 兩岸衝突（新・中國日本戰爭二）　森詠著　220 元
15. 封鎖台灣（新・中國日本戰爭三）　森詠著　220 元
16. 中國分裂（新・中國日本戰爭四）　森詠著　220 元
17. 由女變男的我　虎井正衛著　200 元
18. 佛學的安心立命　松濤弘道著　220 元

・運 動 遊 戲・電腦編號 26

1. 雙人運動　李玉瓊譯　160 元
2. 愉快的跳繩運動　廖玉山譯　180 元
3. 運動會項目精選　王佑京譯　150 元
4. 肋木運動　廖玉山譯　150 元
5. 測力運動　王佑宗譯　150 元
6. 游泳入門　唐桂萍編著　200 元

・休 閒 娛 樂・電腦編號 27

1. 海水魚飼養法　田中智浩著　300 元
2. 金魚飼養法　曾雪玫譯　250 元
3. 熱門海水魚　毛利匡明著　480 元
4. 愛犬的教養與訓練　池田好雄著　250 元
5. 狗教養與疾病　杉浦哲著　220 元
6. 小動物養育技巧　三上昇著　300 元
20. 園藝植物管理　船越亮二著　200 元

・銀髮族智慧學・電腦編號 28

1. 銀髮六十樂逍遙　多湖輝著　170 元
2. 人生六十反年輕　多湖輝著　170 元
3. 六十歲的決斷　多湖輝著　170 元
4. 銀髮族健身指南　孫瑞台編著　250 元

・飲食保健・電腦編號29

1.	自己製作健康茶	大海淳著	220元
2.	好吃、具藥效茶料理	德永睦子著	220元
3.	改善慢性病健康藥草茶	吳秋嬌譯	200元
4.	藥酒與健康果菜汁	成玉編著	250元
5.	家庭保健養生湯	馬汴梁編著	220元
6.	降低膽固醇的飲食	早川和志著	200元
7.	女性癌症的飲食	女子營養大學	280元
8.	痛風者的飲食	女子營養大學	280元
9.	貧血者的飲食	女子營養大學	280元
10.	高脂血症者的飲食	女子營養大學	280元
11.	男性癌症的飲食	女子營養大學	280元
12.	過敏者的飲食	女子營養大學	280元
13.	心臟病的飲食	女子營養大學	280元

・家庭醫學保健・電腦編號30

1.	女性醫學大全	雨森良彥著	380元
2.	初為人父育兒寶典	小瀧周曹著	220元
3.	性活力強健法	相建華著	220元
4.	30歲以上的懷孕與生產	李芳黛編著	220元
5.	舒適的女性更年期	野末悅子著	200元
6.	夫妻前戲的技巧	笠井寬司著	200元
7.	病理足穴按摩	金慧明著	220元
8.	爸爸的更年期	河野孝旺著	200元
9.	橡皮帶健康法	山田晶著	180元
10.	三十三天健美減肥	相建華等著	180元
11.	男性健美入門	孫玉祿編著	180元
12.	強化肝臟秘訣	主婦の友社編	200元
13.	了解藥物副作用	張果馨譯	200元
14.	女性醫學小百科	松山榮吉著	200元
15.	左轉健康法	龜田修等著	200元
16.	實用天然藥物	鄭炳全編著	260元
17.	神秘無痛平衡療法	林宗駛著	180元
18.	膝蓋健康法	張果馨譯	180元
19.	針灸治百病	葛書翰著	250元
20.	異位性皮膚炎治癒法	吳秋嬌譯	220元
21.	禿髮白髮預防與治療	陳炳崑編著	180元
22.	埃及皇宮菜健康法	飯森薰著	200元
23.	肝臟病安心治療	上野幸久著	220元
24.	耳穴治百病	陳抗美等著	250元
25.	高效果指壓法	五十嵐康彥著	200元

26. 瘦水、胖水　鈴木園子著　200元
27. 手針新療法　朱振華著　200元
28. 香港腳預防與治療　劉小惠譯　200元
29. 智慧飲食吃出健康　柯富陽編著　200元
30. 牙齒保健法　廖玉山編著　200元
31. 恢復元氣養生食　張果馨譯　200元
32. 特效推拿按摩術　李玉田著　200元
33. 一週一次健康法　若狹真著　200元
34. 家常科學膳食　大塚滋著　200元
35. 夫妻們關心的男性不孕　原利夫著　220元
36. 自我瘦身美容　馬野詠子著　200元
37. 魔法姿勢益健康　五十嵐康彥著　200元
38. 眼病錘療法　馬栩周著　200元
39. 預防骨質疏鬆症　藤田拓男著　200元
40. 骨質增生效驗方　李吉茂編著　250元

・超經營新智慧・電腦編號 31

1. 躍動的國家越南　林雅倩譯　250元
2. 甦醒的小龍菲律賓　林雅倩譯　220元
3. 中國的危機與商機　中江要介著　250元
4. 在印度的成功智慧　山內利男著　220元
5. 7-ELEVEN 大革命　村上豐道著　200元

・心 靈 雅 集・電腦編號 00

1. 禪言佛語看人生　松濤弘道著　180元
2. 禪密教的奧秘　葉逯謙譯　120元
3. 觀音大法力　田口日勝著　120元
4. 觀音法力的大功德　田口日勝著　120元
5. 達摩禪 106 智慧　劉華亭編譯　220元
6. 有趣的佛教研究　葉逯謙編譯　170元
7. 夢的開運法　蕭京凌譯　130元
8. 禪學智慧　柯素娥編譯　130元
9. 女性佛教入門　許俐萍譯　110元
10. 佛像小百科　心靈雅集編譯組　130元
11. 佛教小百科趣談　心靈雅集編譯組　120元
12. 佛教小百科漫談　心靈雅集編譯組　150元
13. 佛教知識小百科　心靈雅集編譯組　150元
14. 佛學名言智慧　松濤弘道著　220元
15. 釋迦名言智慧　松濤弘道著　220元
16. 活人禪　平田精耕著　120元
17. 坐禪入門　柯素娥編譯　150元

18. 現代禪悟	柯素娥編譯	130 元
19. 道元禪師語錄	心靈雅集編譯組	130 元
20. 佛學經典指南	心靈雅集編譯組	130 元
21. 何謂「生」阿含經	心靈雅集編譯組	150 元
22. 一切皆空　般若心經	心靈雅集編譯組	180 元
23. 超越迷惘　法句經	心靈雅集編譯組	130 元
24. 開拓宇宙觀　華嚴經	心靈雅集編譯組	180 元
25. 真實之道　法華經	心靈雅集編譯組	130 元
26. 自由自在　涅槃經	心靈雅集編譯組	130 元
27. 沈默的教示　維摩經	心靈雅集編譯組	150 元
28. 開通心眼　佛語佛戒	心靈雅集編譯組	130 元
29. 揭秘寶庫　密教經典	心靈雅集編譯組	180 元
30. 坐禪與養生	廖松濤譯	110 元
31. 釋尊十戒	柯素娥編譯	120 元
32. 佛法與神通	劉欣如編著	120 元
33. 悟（正法眼藏的世界）	柯素娥編譯	120 元
34. 只管打坐	劉欣如編著	120 元
35. 喬答摩・佛陀傳	劉欣如編著	120 元
36. 唐玄奘留學記	劉欣如編著	120 元
37. 佛教的人生觀	劉欣如編譯	110 元
38. 無門關(上卷)	心靈雅集編譯組	150 元
39. 無門關(下卷)	心靈雅集編譯組	150 元
40. 業的思想	劉欣如編著	130 元
41. 佛法難學嗎	劉欣如著	140 元
42. 佛法實用嗎	劉欣如著	140 元
43. 佛法殊勝嗎	劉欣如著	140 元
44. 因果報應法則	李常傳編	180 元
45. 佛教醫學的奧秘	劉欣如編著	150 元
46. 紅塵絕唱	海　若著	130 元
47. 佛教生活風情	洪丕謨、姜玉珍著	220 元
48. 行住坐臥有佛法	劉欣如著	160 元
49. 起心動念是佛法	劉欣如著	160 元
50. 四字禪語	曹洞宗青年會	200 元
51. 妙法蓮華經	劉欣如編著	160 元
52. 根本佛教與大乘佛教	葉作森編	180 元
53. 大乘佛經	定方晟著	180 元
54. 須彌山與極樂世界	定方晟著	180 元
55. 阿闍世的悟道	定方晟著	180 元
56. 金剛經的生活智慧	劉欣如著	180 元
57. 佛教與儒教	劉欣如編譯	180 元
58. 佛教史入門	劉欣如編譯	180 元
59. 印度佛教思想史	劉欣如編譯	200 元

·經營管理· 電腦編號01

	書名	作者	定價
◎	創新經營管理六十六大計(精)	蔡弘文編	780元
1.	如何獲取生意情報	蘇燕謀譯	110元
2.	經濟常識問答	蘇燕謀譯	130元
4.	台灣商戰風雲錄	陳中雄著	120元
5.	推銷大王秘錄	原一平著	180元
6.	新創意·賺大錢	王家成譯	90元
7.	工廠管理新手法	琪　輝著	120元
9.	經營參謀	柯順隆譯	120元
10.	美國實業24小時	柯順隆譯	80元
11.	撼動人心的推銷法	原一平著	150元
12.	高竿經營法	蔡弘文編	120元
13.	如何掌握顧客	柯順隆譯	150元
17.	一流的管理	蔡弘文編	150元
18.	外國人看中韓經濟	劉華亭譯	150元
20.	突破商場人際學	林振輝編著	90元
22.	如何使女人打開錢包	林振輝編著	100元
24.	小公司經營策略	王嘉誠著	160元
25.	成功的會議技巧	鐘文訓編譯	100元
26.	新時代老闆學	黃柏松編著	100元
27.	如何創造商場智囊團	林振輝編譯	150元
28.	十分鐘推銷術	林振輝編譯	180元
29.	五分鐘育才	黃柏松編譯	100元
33.	自我經濟學	廖松濤編譯	100元
34.	一流的經營	陶田生編著	120元
35.	女性職員管理術	王昭國編譯	120元
36.	ＩＢＭ的人事管理	鐘文訓編譯	150元
37.	現代電腦常識	王昭國編譯	150元
38.	電腦管理的危機	鐘文訓編譯	120元
39.	如何發揮廣告效果	王昭國編譯	150元
40.	最新管理技巧	王昭國編譯	150元
41.	一流推銷術	廖松濤編譯	150元
42.	包裝與促銷技巧	王昭國編譯	130元
43.	企業王國指揮塔	松下幸之助著	120元
44.	企業精銳兵團	松下幸之助著	120元
45.	企業人事管理	松下幸之助著	100元
46.	華僑經商致富術	廖松濤編譯	130元
47.	豐田式銷售技巧	廖松濤編譯	180元
48.	如何掌握銷售技巧	王昭國編著	130元
50.	洞燭機先的經營	鐘文訓編譯	150元
52.	新世紀的服務業	鐘文訓編譯	100元
53.	成功的領導者	廖松濤編譯	120元

54. 女推銷員成功術　李玉瓊編譯　130元
55. ＩＢＭ人才培育術　鐘文訓編譯　100元
56. 企業人自我突破法　黃琪輝編著　150元
58. 財富開發術　蔡弘文編著　130元
59. 成功的店舖設計　鐘文訓編著　150元
61. 企管回春法　蔡弘文編著　130元
62. 小企業經營指南　鐘文訓編譯　100元
63. 商場致勝名言　鐘文訓編譯　150元
64. 迎接商業新時代　廖松濤編譯　100元
66. 新手股票投資入門　何朝乾編著　200元
67. 上揚股與下跌股　何朝乾編譯　180元
68. 股票速成學　何朝乾編譯　200元
69. 理財與股票投資策略　黃俊豪編著　180元
70. 黃金投資策略　黃俊豪編著　180元
71. 厚黑管理學　廖松濤編譯　180元
72. 股市致勝格言　呂梅莎編譯　180元
73. 透視西武集團　林谷燁編譯　150元
76. 巡迴行銷術　陳蒼杰譯　150元
77. 推銷的魔術　王嘉誠譯　120元
78. 60 秒指導部屬　周蓮芬編譯　150元
79. 精銳女推銷員特訓　李玉瓊編譯　130元
80. 企劃、提案、報告圖表的技巧　鄭汶譯　180元
81. 海外不動產投資　許達守編譯　150元
82. 八百伴的世界策略　李玉瓊譯　150元
83. 服務業品質管理　吳宜芬譯　180元
84. 零庫存銷售　黃東謙編譯　150元
85. 三分鐘推銷管理　劉名揚編譯　150元
86. 推銷大王奮鬥史　原一平著　150元
87. 豐田汽車的生產管理　林谷燁編譯　150元

・成　功　寶　庫・電腦編號 02

1. 上班族交際術　江森滋著　100元
2. 拍馬屁訣竅　廖玉山編譯　110元
4. 聽話的藝術　歐陽輝編譯　110元
9. 求職轉業成功術　陳義編著　110元
10. 上班族禮儀　廖玉山編著　120元
11. 接近心理學　李玉瓊編著　100元
12. 創造自信的新人生　廖松濤編著　120元
15. 神奇瞬間瞑想法　廖松濤編譯　100元
16. 人生成功之鑰　楊意苓編著　150元
19. 給企業人的諍言　鐘文訓編著　120元
20. 企業家自律訓練法　陳義編譯　100元
21. 上班族妖怪學　廖松濤編著　100元

國家圖書館出版品預行編目資料

海藻精神秘美容法／劉名揚編著
—初版—臺北市，大展，民 87
面；21 公分—（婦幼天地；48）
ISBN 957-557-817-1（平裝）

1. 皮膚—保養 2. 化粧品 3. 美容

424.3　　　　87005350

海藻精神秘美容法　　ISBN 957-557-817-1

編著者／劉　名　揚
發行人／蔡　森　明
出版者／大展出版社有限公司
社　址／台北市北投區（石牌）致遠一路 2 段 12 巷 1 號
電　話／(02) 28236031・28236033
傳　真／(02) 28272069
郵政劃撥／0166955—1
登記證／局版臺業字第 2171 號
承印者／國順圖書印刷公司
裝　訂／嶸興裝訂有限公司
排版者／千兵企業有限公司
電　話／(02) 28812643
初版 1 刷／1998 年（民 87 年）7 月

定　價／180 元

大展好書
好書大展